RESÍDUOS SÓLIDOS

Blucher

Dirceu D'Alkmin Telles

RESÍDUOS SÓLIDOS

Gestão responsável e sustentável

Resíduos sólidos: gestão responsável e sustentável

Editora Edgard Blücher Ltda.

Publisher Edgard Blücher
Editor Eduardo Blücher
Coordenação editorial Jonatas Eliakim
Produção editorial Isabel Silva
Preparação de texto Catarina Tolentino
Diagramação Roberta Pereira de Paula
Revisão de texto Danilo Villa
Capa Leandro Cunha
Imagem da capa iStockphoto

Blucher

Rua Pedroso Alvarenga, 1245, 4º andar
04531-934 – São Paulo – SP – Brasil
Tel.: 55 11 3078-5366
contato@blucher.com.br
www.blucher.com.br

Segundo o Novo Acordo Ortográfico, conforme 5. ed. do *Vocabulário Ortográfico da Língua Portuguesa*, Academia Brasileira de Letras, março de 2009.

Dados Internacionais de Catalogação na Publicação (CIP)
Angélica Ilacqua CRB-8/7057

Telles, Dirceu D'Alkmin

Resíduos sólidos : gestão responsável e sustentável/ Dirceu D'Alkmin Telles. – São Paulo : Blucher, 2022.

174 p. : il.

Bibliografia
ISBN 978-65-5506-110-9 (impresso)
ISBN 978-65-5506-105-5 (eletrônico)

1. Desenvolvimento sustentável 2. Lixo – Eliminação – Aspectos ambientais 3. Aterro sanitário I. Título

21-5730 CDD363.7

Índices para catálogo sistemático:

1. Desenvolvimento sustentável

Dedico aos meus filhos Ricardo, Eduardo e Lucila esta modesta colaboração ao saneamento básico de nosso país.

AGRADECIMENTO

Agradeço à Fundação de Apoio à Tecnologia (FAT) pela permissão de acesso e de utilização de seus recursos de informática.

APRESENTAÇÃO

A Fundação de Apoio à Tecnologia (FAT), criada em 1987, tem como objetivo principal atuar nas áreas de educação e de tecnologia, buscando ser um elo entre a academia e as organizações. Atua com consultorias, pesquisas, cursos, treinamentos, realização de vestibulares e concursos públicos, assim como no apoio a publicações que visem à difusão do conhecimento científico e tecnológico.

O apoio à publicação do livro *Resíduos sólidos: gestão responsável e sustentável* se enquadra perfeitamente nos objetivos da FAT.

A obra abrange conceitos de: meio ambiente, ecossistema, poluição ambiental, sustentabilidade e desenvolvimento sustentável, agenda 21, responsabilidade ambiental, aspectos e impactos ambientais, gestão, licenciamento e conceitos referentes às normas ISO 14000. Traz na íntegra a Política Nacional de Resíduos Sólidos (PNRS), com suas definições e proibições, e o Marco Regulatório do Saneamento Básico, além de apresentar outros regulamentos setoriais. Inclui informações sobre a caracterização dos resíduos sólidos, seus possíveis impactos, formas de destinação e disposição final e sobre os aterros controlado e sanitário. Descreve os 3Rs da sustentabilidade, a coleta seletiva e os tipos de reciclagem. Conclui com orientações para certificações, gestão responsável e sustentável, e o gerenciamento de resíduos sólidos, em vista do movimento ESG e inclusive para elaboração e contratação de planos de resíduos sólidos. É constituída por textos, ilustrações, minutas de acordos, termos de compromissos e sugestões de vídeos ilustrativos. É uma ferramenta completa e eficiente.

Este livro fornece a estudantes, gestores públicos e privados, projetistas, professores e demais interessados orientações adequadas à correta gestão dos resíduos sólidos e ao encerramento dos lixões no Brasil.

A FAT tem grande orgulho em apoiar e apresentar esta obra, elaborada pelo Prof. Dr. Dirceu D'Alkmin Telles, membro do nosso corpo de consultores, que certamente em muito contribuirá para gestões responsáveis e sustentáveis dos Resíduos Sólidos em nosso país.

Professor César Silva

Diretor-Presidente da Fundação de Apoio à Tecnologia (FAT)

www.fundacaofat.org.br

CONTEÚDO

Introdução

Estudos recentes mostram que o Brasil é o quarto maior produtor mundial de resíduos sólidos, erroneamente chamados de "lixo". São cerca de 12 milhões de toneladas anuais, sendo que 40%, ou seja, 4,8 milhões de toneladas, são descarregados nos chamados "lixões", instalados principalmente em grandes núcleos urbanos.

Os lixões causam sérios problemas à saúde pública e às esferas social e urbana. Neles o lixo é acumulado a céu aberto, o que atrai transmissores de doenças como moscas, urubus, cães, porcos e baratas, além de contaminar o subsolo e aquíferos subterrâneos. Catadores, trabalhando em condições degradantes e insalubres, retiram dos lixões seu sustento, por meio da venda dos materiais recicláveis encontrados. Pior ainda, famílias inteiras moram no interior dos lixões.

Visando solucionar a grave situação dos lixões no Brasil, foi instituída, em 2012, a Política Nacional de Resíduos Sólidos (PNRS), dispondo, entre outros, sobre seus princípios, objetivos e instrumentos.

O Sistema Nacional de Informações sobre Saneamento (SNIS), divulgou dados referentes a 2018 que refletem a atual situação do saneamento básico no país:

- Mais de 16% da população, ou quase 35 milhões de pessoas, não tem acesso à água tratada; e
- Apenas 46% dos esgotos gerados nos país são tratados.

Portanto, quase metade da população do Brasil continua sem acesso aos sistemas de esgotamento sanitário, o que significa que quase 100 milhões de pessoas utilizam medidas alternativas para lidar com os seus dejetos, seja através de uma fossa, seja lançando o esgoto diretamente nos rios.

Em 2020, foi sancionada a Lei n. 14.026 do Marco Legal do Saneamento Básico que:

- Centraliza a gestão do nosso Saneamento Básico na Agência Nacional de Águas (ANA);
- Reforça a obrigatoriedade do encerramento dos lixões;
- Determina que empresas públicas não poderão mais ser contratadas diretamente para executar os serviços de saneamento básico;
- Determina que municípios ou estados terão que fazer uma concorrência aberta a empresas privadas, por meio de licitação, e as interessadas terão de se comprometer com a meta de universalização dos serviços;
- E traz condições técnicas e oportunidades financeiras para a concretização de suas metas.

Com o intuito principal de fornecer aos gestores públicos – empresários, dirigentes, projetistas, estudantes e outros interessados – orientações para a correta gestão dos resíduos sólidos e para a elaboração de planos de resíduos, a presente publicação engloba, além da Constituição de 1988, os conceitos e os objetivos da PNRS, as leis, regulamentos e mais um conjunto de elementos referentes à sustentabilidade; à responsabilidade ambiental; à caracterização dos resíduos sólidos e seus possíveis impactos ambientais; aos processos de licenciamento; à gestão de resíduos, descartes de resíduos, procedimentos de reciclagem e de coleta seletiva. Conclui apresentando elementos (inclusive passo a passo) para a elaboração de Planos Municipais (Regionais) de Gestão Integrada de Resíduos Sólidos (PMGIRS) e para a confecção de Planos de Gerenciamento de Resíduos Sólidos (PGRS).

CAPÍTULO 1

Meio ambiente, sustentabilidade e responsabilidade ambiental

1.1 MEIO AMBIENTE

Para a Organização das Nações Unidas (ONU), o meio ambiente é o conjunto de elementos físicos, químicos, biológicos e sociais que podem causar efeitos diretos ou indiretos sobre os seres vivos e as atividades humanas.

O meio ambiente é o conjunto de unidades ecológicas que funcionam como um sistema natural. Assim, o meio ambiente é composto por toda a vegetação, animais, micro-organismos, solo, rochas e atmosfera. Também fazem parte do meio ambiente os recursos naturais, como a água e o ar, e os fenômenos físicos do clima, como energia, radiação, descarga elétrica e magnetismo.

Vídeo sobre o meio ambiente:

http://livro.link/res01

É um sistema formado por elementos naturais e artificiais relacionados entre si e que são modificados pela ação humana. Trata-se do meio que condiciona a forma de vida da sociedade e que inclui valores naturais, sociais e culturais que existem num determinado local e momento.

O meio ambiente é composto por quatro esferas diferentes:

- Atmosfera: camada de ar que envolve o planeta, formada por gases como oxigênio, gás carbônico, metano e nitrogênio;
- Litosfera: camada mais externa do planeta, formada pelo solo e por uma superfície rochosa, também chamada de crosta terrestre;

- Hidrosfera: camada que inclui todas as águas do planeta (rios, mares, lagos, oceanos etc.); e
- Biosfera: camada referente à vida e que engloba todas as formas de vida que existem na Terra.

Os seres vivos, o solo, a água, o ar, os objetos físicos fabricados pelo homem e os elementos simbólicos (como as tradições, por exemplo) compõem o meio ambiente. É imprescindível preservá-lo para o desenvolvimento sustentável das gerações atuais e das vindouras.

O meio ambiente inclui fatores físicos (como o clima e a geologia), biológicos (a população humana, a flora, a fauna, a água) e socioeconômicos (a atividade laboral, a urbanização, os conflitos sociais).

A ecologia é uma noção associada ao meio ambiente, uma vez que se trata da disciplina que estuda a relação entre os seres vivos e o meio que os rodeia. Um comportamento ecológico visa proteger os recursos do meio ambiente de modo a garantir a subsistência presente e futura dos seres vivos.

1.2 ECOSSISTEMA

Ecossistema define o conjunto formado por comunidades bióticas que habitam e interagem em determinada região e pelos fatores abióticos que exercem influência sobre essas comunidades. Um ecossistema, aquático ou terrestre, é constituído por dois elementos inseparáveis: uma área (biótopo ambiente, ou seja, não engloba seres vivos) e um conjunto de seres (biocenose), que o ocupa em uma continua interação mútua.

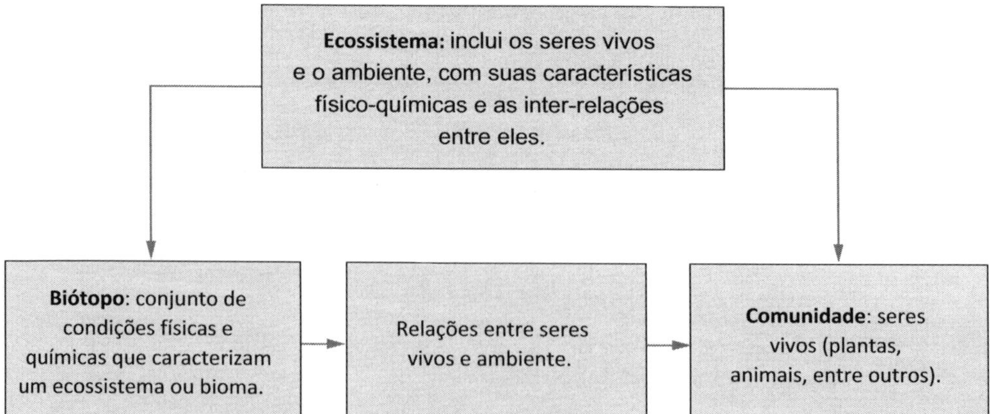

Figura 1.1 Ecossistema, biótopo e comunidade.

Os ecologistas nomeiam os ecossistemas conforme as zonas ou regiões que são também chamados de biomas.

Vídeo sobre ecossistemas e biomas:

http://livro.link/res02

1.2.1 ECOSSISTEMAS BRASILEIROS

O Brasil é um país com proporções territoriais continentais, e em seu grande território existem vários tipos de conjuntos ambientais, os chamados ecossistemas. Segundo uma significativa parte de especialistas, os principais ecossistemas brasileiros são: Amazônia, Mata Atlântica, Caatinga, Cerrado, Pantanal e Pampa.

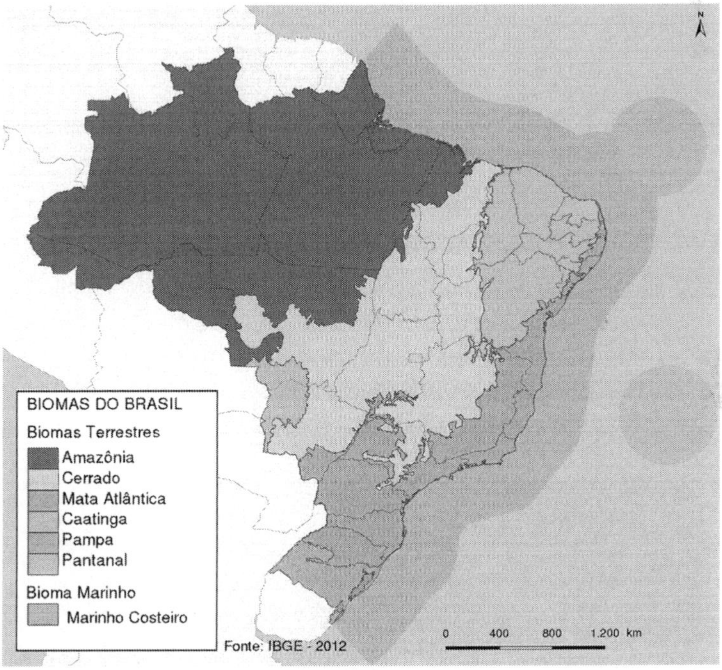

Figura 1.2 Principais ecossistemas brasileiros.

Fonte: IBGE (2012).

O bioma Amazônia ou Floresta Amazônica é a maior floresta tropical existente no mundo. No Brasil, ela se estende por mais de 3,7 milhões de quilômetros quadrados, existindo, em sua abrangência, uma expressiva parcela constituída por unidades de conservação, ou seja, ambientes onde as atividades humanas são restritas, por conta dos riscos de degradação ambiental.

Figura 1.3 Amazônia.

Fonte: iStockphoto.

Na Mata Atlântica, há uma vasta diversidade de espécies vegetais e animais, com a predominância de florestas ombrófilas densas, abertas e mistas, e ainda florestas deciduais e semideciduais, bem como campos, mangues e restingas. É um bioma bastante devastado no território brasileiro. Esse tipo de mata ocupou originalmente extensões que iam desde o litoral do Rio Grande do Sul até o Rio Grande do Norte, adentrando o interior de alguns estados, como São Paulo e Minas Gerais.

Figura 1.4 Mata Atlântica.

Fonte: iStockphoto.

A vegetação da Caatinga é formada por plantas xerófilas, arbustos caducifólios e espinhosos. Essas plantas possuem uma adaptação para reduzir o processo de evapotranspiração, com o armazenamento de água em seus troncos ou folhas, o que favorece sua sobrevivência nos períodos mais secos. É uma vegetação adaptada ao clima semiárido, sendo comum a sua existência no Nordeste brasileiro.

Figura 1.5 Típica vegetação da Caatinga.

Fonte: iStockphoto.

A vegetação do Cerrado é formada por árvores caducifólias, também chamadas de estacionais, arbustivas e com raízes profundas. É um dos biomas mais devastados do território brasileiro, especialmente pela expansão das fronteiras agrícolas.

Figura 1.6 Cerrado.

Fonte:iStockphoto.

O Pantanal é um complexo que agrupa vários tipos de vegetação, bem como uma fauna rica em biodiversidade, constituindo-se em uma extensa área de planícies sujeitas a inundações, ou seja, são ambientes com relevos planos nos quais há, durante o ano, ocasiões em que as terras ficam submersas ou semissubmersas. Estende-se pelos estados do Mato Grosso e Mato Grosso do Sul.

Figura 1.7 Pantanal.

Fonte: iStockphoto.

Os Pampas são formações rasteiras ou herbáceas, dependendo do local em que se encontram. Abrangem os campos comuns na região Sul do Brasil, sendo os campos mais conhecidos aqueles que se localizam no Rio Grande do Sul.

Figura 1.8 Pampas.

Fonte: iStockphoto.

Destacam-se ainda as vegetações litorâneas: manguezais e restingas, que são formações vegetais típicas do litoral brasileiro.

Figura 1.9 Restingas e manguezais.

Fonte: iStockphoto.

1.3 POLUIÇÃO AMBIENTAL

A partir da década de 1970, a preocupação com a quantidade do lixo produzido pelo homem moderno despertou o interesse de biólogos, ecologistas e estudiosos da área acerca dos problemas causados pela poluição ambiental, bem como pelo descarte de materiais que supostamente poderiam ser reaproveitados.

Por poluição ambiental, entende-se a introdução pelo homem, direta ou indiretamente, de substâncias ou energia no ambiente, provocando um efeito negativo no seu equilíbrio, causando assim danos à saúde humana, aos seres vivos e aos ecossistemas.

Figura 1.10 Poluição ambiental.

Fonte: iStockphoto.

Os agentes de poluição ambiental são normalmente designados por poluentes que podem ser de natureza química, genética ou apresentar-se sob a forma de energia, como nos casos de luz, calor ou radiação.

Na busca pela minimização dos danos causados ao meio ambiente pelo excesso de lixo produzido e pela exploração exagerada dos recursos naturais, surgiram algumas alternativas importantes de ação preventiva, como a redução da produção de lixo, a reutilização e a reciclagem.

1.4 SUSTENTABILIDADE

Considera-se como sustentabilidade ações e atividades humanas que visam suprir as necessidades atuais dos indivíduos, sem comprometer o futuro das próximas gerações. A sustentabilidade está diretamente relacionada ao desenvolvimento econômico e material sem agredir o meio ambiente, usando os recursos naturais de forma inteligente para que eles se mantenham no futuro. O tripé da sustentabilidade, também chamado de *triple bottomline*, corresponde aos resultados de uma organização medida em termos sociais, ambientais e econômicos.

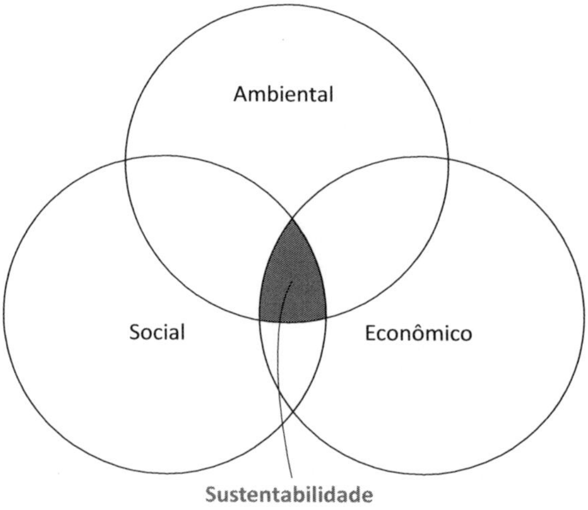

Figura 1.11 Tripé da sustentabilidade.

1.4.1 AÇÕES RELACIONADAS À SUSTENTABILIDADE

- Exploração dos recursos vegetais de florestas e matas de forma controlada, garantindo o replantio sempre que necessário;
- Ações que visem o incentivo à produção e consumo de alimentos orgânicos, pois estes não agridem a natureza além de serem benéficos à saúde dos seres humanos;

- Uso de fontes de energia limpas e renováveis (eólica, geotérmica e hidráulica) para diminuir o consumo de combustíveis fósseis;
- Criação de atitudes pessoais e empresariais voltadas para a reciclagem de resíduos sólidos; e
- Desenvolvimento da gestão sustentável nas empresas para diminuir o desperdício de matéria-prima e incentivar o desenvolvimento de produtos com baixo consumo de energia.

1.4.2 SUSTENTABILIDADE AMBIENTAL

Sustentabilidade ambiental pode ser definida como a relação sustentável entre padrões de consumo e de produção eficiente em termos energéticos, de maneira que sejam reduzidas, ao mínimo, as pressões ambientais, o esgotamento dos recursos naturais e a poluição. Os governos, em conjunto com o setor privado e a sociedade, devem atuar para reduzir a geração de resíduos e de produtos descartados por meio da reciclagem, nos processos industriais e na introdução de novos produtos mais sustentáveis.

1.5 DESENVOLVIMENTO SUSTENTÁVEL

Desenvolvimento sustentável significa obter crescimento econômico necessário, garantindo a preservação do meio ambiente e o desenvolvimento social para o presente e para as gerações futuras. Para tanto, é necessária uma harmonização entre o desenvolvimento econômico, a preservação do meio ambiente, a justiça social (por exemplo, o acesso a serviços públicos de qualidade), a qualidade de vida e o uso racional dos recursos da natureza, principalmente a água. Especialistas consideram o desenvolvimento sustentável como o grande desafio do século XXI.

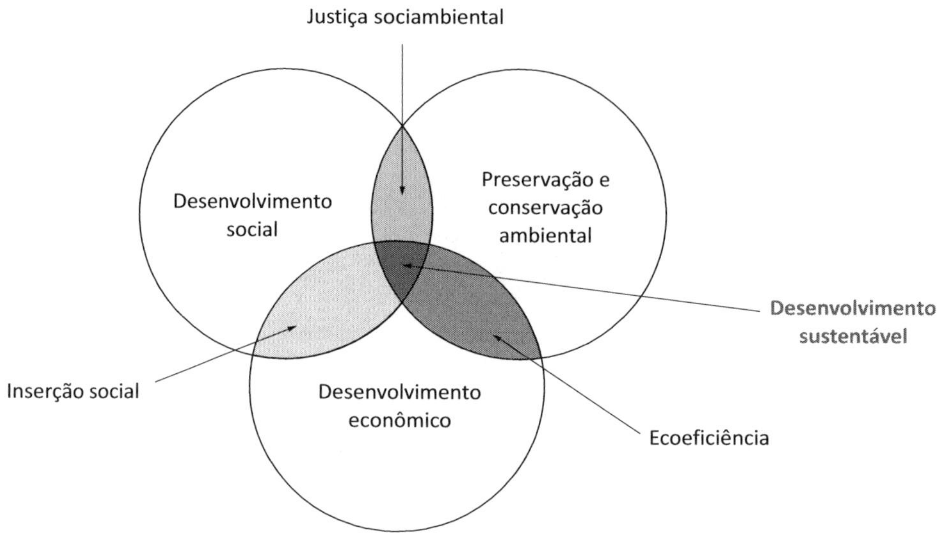

Figura 1.12 Tripé da sustentabilidade, intersecções.

Na figura acima, percebe-se que o desenvolvimento sustentável acontece na intersecção dos três âmbitos: preservação e conservação ambiental, desenvolvimento social e desenvolvimento econômico:

- A área comum ao desenvolvimento social e à preservação e conservação ambiental tem o sentido de justiça socioambiental;
- A área comum ao desenvolvimento social e ao desenvolvimento econômico tem o sentido de inserção social; e
- A área comum ao desenvolvimento econômico e à preservação e conservação ambiental tem o sentido de ecoeficiência.

1.5.1 ECO 92

A ECO 92 foi a Conferência Mundial sobre Meio Ambiente realizada na cidade do Rio de Janeiro em junho de 1992. Ela resultou num documento conhecido como Agenda 21, que sistematiza um plano de ações com o objetivo de alcançar o desenvolvimento sustentável.

Vídeo sobre ECO 92:

http://livro.link/res03

1.5.2 OBJETIVOS DE DESENVOLVIMENTO SUSTENTÁVEL

A ONU definiu, em 2015, os dezessete Objetivos de Desenvolvimento Sustentável, conforme mostrados na Figura 1.13.

Figura 1.13 Os Objetivos de Desenvolvimento Sustentável.

Fonte: Agência Brasil (2015).

1.5.3 AÇÕES FAVORÁVEIS AO DESENVOLVIMENTO SUSTENTÁVEL

- Reciclagem de diversos tipos de materiais: papel, alumínio, plástico, vidro, ferro, borracha e outros de menor expressão;
- Coleta seletiva de lixo;
- Tratamento de esgotos industriais e domésticos;
- Descarte de baterias de celulares e outros equipamentos eletrônicos em locais especializados;
- Geração de energia por meio de fontes não poluentes como eólica, solar e geotérmica;
- Uso racional (sem desperdício) de recursos da natureza como, por exemplo, a água;
- Diminuição na utilização de combustíveis fósseis (gasolina, diesel), substituindo-os por biocombustíveis;
- Substituição gradual dos meios de transportes individuais (carros particulares) por coletivos como o metrô;
- Combate ao desmatamento ilegal;

- Combate à ocupação irregular em regiões de mananciais;
- Manutenção e preservação dos ecossistemas;
- Respeito às leis trabalhistas; e
- Uso da gestão ambiental nas indústrias, empresas prestadoras de serviços e órgãos públicos.

1.5.4 DESENVOLVIMENTO SUSTENTÁVEL NO BRASIL

No Brasil, assim como nos outros países emergentes, a questão do desenvolvimento sustentável tem avançado de forma lenta. Embora haja um despertar da consciência ambiental no país, muitas empresas ainda buscam somente o lucro, deixando de lado as questões ambientais e sociais.

O desmatamento de florestas e uso de combustíveis fósseis ainda é expressivo no Brasil. A poluição do ar, de rios e do solo ainda são problemas ambientais comuns. Embora a reciclagem do lixo tenha aumentado nos últimos anos, ainda é muito comum a existência de lixões ao ar livre.

1.5.5 INDICADORES DE DESENVOLVIMENTO SUSTENTÁVEL (IDS)

Indicadores de desenvolvimento sustentável são instrumentos essenciais para guiar a ação e subsidiar o acompanhamento e a avaliação do progresso alcançado rumo ao desenvolvimento sustentável. Eles devem ser vistos como um meio para alcançar o desenvolvimento sustentável e não como um fim em si mesmo.

A construção de indicadores de desenvolvimento sustentável no Brasil integra-se ao conjunto de esforços internacionais para concretização das ideias e princípios formulados na Conferência das Nações Unidas sobre Meio Ambiente e Desenvolvimento, realizada no Rio de Janeiro em 1992, no que diz respeito à relação entre meio ambiente, sociedade e desenvolvimento, além de informações para a tomada de decisões.

Vídeo sobre Índice de Desenvolvimento Sustentável (IDS):

http://livro.link/res04

O cálculo do IDS, desenvolvido pelo IBGE em 2002, tem como objetivo estabelecer comparações com outros países e entre regiões do Brasil tomando como referência o desenvolvimento sustentável. Para seu cálculo são utilizados indicadores econômicos, institucionais e ambientais.

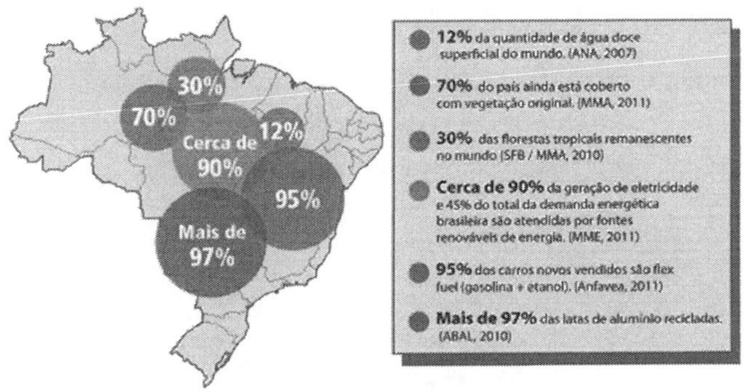

Figura 1.14 Desenvolvimento sustentável do Brasil em números.

Fonte: Ministério da Fazenda.

1.6 AGENDA 21

A *Agenda 21* é um documento lançado na Conferência das Nações Unidas sobre Meio Ambiente e Desenvolvimento, ECO 92 (ou Rio 92), que sistematiza um plano de ações com o objetivo de alcançar o desenvolvimento sustentável a partir de 1992.

A Agenda 21 é um instrumento de planejamento participativo no qual se admite de forma explícita a responsabilidade dos governos em impulsionar programas e projetos ambientais por meio de políticas que visam à justiça social e a preservação do meio ambiente. Já em 1992, 179 países assumiram o compromisso de contribuir para a preservação do meio ambiente.

Vídeo sobre Agenda 21:

http://livro.link/res05

A Agenda 21 brasileira começou a ser elaborada em 1996. Cerca de 40 mil pessoas contribuíram para sua criação, que começou a ser implantada em 2003.

Ela é composta de três partes:

1) Introdução: na qual é delineado o perfil do país na virada do século XXI;
2) Temas prioritários: cidades sustentáveis, agricultura sustentável, infraestrutura e integração regional, gestão dos recursos naturais, redução das desigualdades sociais e científicas, tecnologia para o desenvolvimento sustentável; e
3) Meios de implementação.

1.7 RESPONSABILIDADE AMBIENTAL

Considera-se Responsabilidade Ambiental como um conjunto de atitudes, individuais ou empresariais, voltadas para o desenvolvimento sustentável do planeta.

Figura 1.15 Responsabilidade ambiental.

Fonte: iStockphoto.

Vídeo sobre responsabilidade ambiental:

http://livro.link/res06

Essas atitudes devem levar em conta o crescimento econômico ajustado à proteção do meio ambiente na atualidade e para as gerações futuras de forma a garantir a sustentabilidade.

A responsabilidade ambiental é a base do Direito Ambiental brasileiro, como método racional imprescindível para preservar e restabelecer as condições ecológicas prementes à vida de todos.

O dano ambiental e seus reflexos

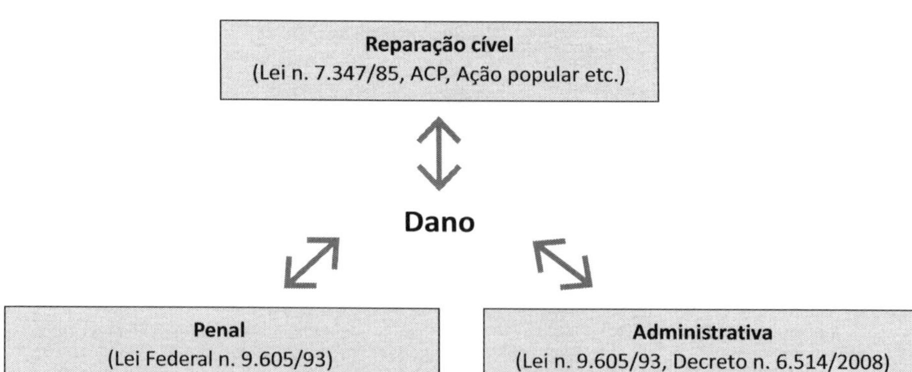

Figura 1.16 Ilustração das três áreas do dano ambiental.

Quadro 1.1 Relação entre gerador de resíduos sólidos e sua responsabilidade ambiental de acordo com a Lei da PNRS

Resíduos	Responsável
Domiciliares/ Limpeza Urbana	Prefeitura
Comerciais e Prestadores de Serviços	Gerador
Serviços de Saúde	Gerador
Industriais	Gerador
Transportes (Portos, aeroportos e terminais ferroviários e rodoviários)	Gerador
Agrossilvopastoris	Gerador
Construção Civil	Gerador
Mineração	Gerador

Exemplos de atitudes que envolvem a responsabilidade ambiental individual:

1) Realizar a reciclagem de lixo (resíduos sólidos);
2) Usar de forma racional a água, economizando sempre que possível;
3) Buscar consumir produtos com certificação ambiental e de empresas que respeitem o meio ambiente em seus processos produtivos;
4) Priorizar o transporte coletivo; e
5) Economizar energia elétrica nas tarefas domésticas cotidianas.

Exemplos de atitudes que envolvem a responsabilidade ambiental empresarial:

1) Criação e implantação de um sistema próprio de gestão ambiental;
2) Criação de produtos que provoquem o mínimo possível de impacto ambiental;
3) Criar sistema de reciclagem de resíduos sólidos dentro da empresa;
4) Treinar e informar os funcionários sobre a importância da sustentabilidade; e
5) Dar preferência para a compra de matéria-prima de empresas que também sigam os princípios da responsabilidade ambiental.

Os relatórios que envolvem a responsabilidade ambiental devem fazer parte dos relatórios corporativos das empresas comprometidas com o desenvolvimento sustentável. Atualmente, são de caráter voluntário. Na Europa Ocidental, 68% das multinacionais fazem esse tipo de relatório e, nos Estados Unidos, ainda que a percentagem seja menor (41%), seu crescimento é vertiginoso. Em um futuro próximo, todo consumidor exigirá saber quais são os impactos econômicos, ambientais e sociais que são gerados na produção dos produtos que compra.

CAPÍTULO 2

Aspectos e impactos ambientais: gestão ambiental, licenciamento ambiental, sistema de gestão ambiental

2.1 ASPECTOS AMBIENTAIS E IMPACTOS AMBIENTAIS: ESTUDO DE IMPACTO AMBIENTAL

2.1.1 ASPECTO AMBIENTAL

O aspecto ambiental é qualquer elemento integrante de uma atividade que tem potencial de alterar o meio ambiente. Essa alteração, caso ocorra, caracteriza o impacto ambiental. É a forma como sua atividade, serviço ou produto impacta o ambiente e como os elementos derivados das atividades, produtos ou serviços de uma organização pode interagir com o meio ambiente.

2.1.2 IMPACTO AMBIENTAL

Considera-se como impacto ambiental qualquer modificação do meio ambiente, adversa ou benéfica, que resulte, no todo ou em parte, dos aspectos ambientais. O impacto ambiental sempre acontece a partir de um aspecto ambiental. Ou seja, os aspectos são os elementos das atividades/produtos/serviços do empreendimento que possam interagir com o meio ambiente. O impacto ambiental é a consequência dessa interação que gera modificações no meio ambiente, seja ela benéfica ou prejudicial.

Um dos aspectos ambientais, o da lavagem de carros, por exemplo, pode ser um agente de limpeza que tem o potencial de poluir a água (essa poluição é o impacto ambiental).

Quadro 2.1 Exemplos de atividade, serviço, aspecto ambiental e impacto ambiental

Atividade, serviço	Aspecto Ambiental	Impacto Ambiental
Lavagem de carro	Agente de limpeza na água servida	Potencial poluição da água
	Uso da água	Impacto em recursos naturais
Aquecimento	Emissões de caldeira	Poluição do ar
Armazenamento de combustível em tanque na superfície ou subterrâneo	Potencial para vazamento ou derramamento	Contaminação do solo ou de águas subterrâneas
Emissões atmosféricas	Produção de emissões atmosféricas	Alteração da qualidade do ar
Resíduos sólidos	Descarte de resíduos sólidos	Contaminação do solo

Figura 2.1 Impacto ambiental em razão de rompimento de barragem de uma hidrelétrica na cidade de Mariana, em Minas Gerais.

Fonte: Wikimedia Commons (2015).

A Figura 2.1 mostra o impacto ambiental da atividade de uma hidrelétrica, sobre o aspecto ambiental integridade do solo.

2.1.3 ESTUDOS DE IMPACTO AMBIENTAL (EIA/RIMA)

Os Estudos de Impacto Ambiental (EIA) e seu respectivo Relatório de Impacto Ambiental (RIMA) são documentos técnicos multidisciplinares com objetivo de realizar uma avaliação ampla e completa dos impactos ambientais significativos e indicar as medidas mitigadoras correspondentes.

Vídeo sobre EIA e RIMA:

http://livro.link/res07a

2.2 GESTÃO AMBIENTAL: INSTRUMENTOS

Considera-se como gestão ambiental a administração de atividades econômicas e sociais de forma a utilizar de maneira racional os recursos naturais, visando ordenar as atividades humanas para que estas não agridam o meio ambiente.

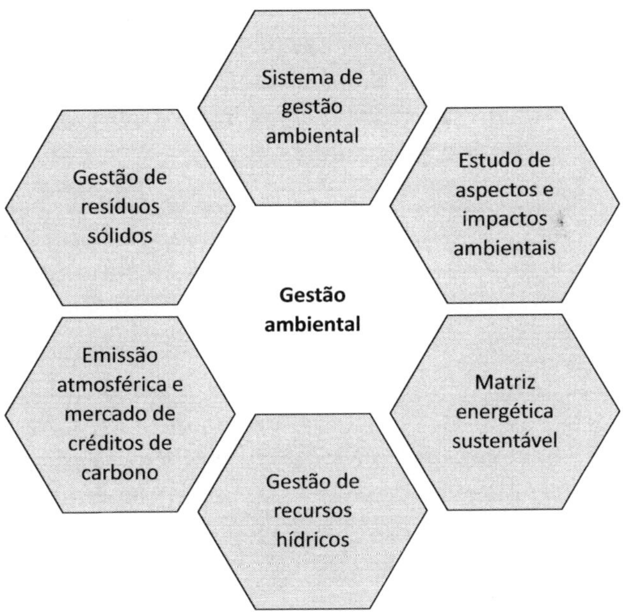

Figura 2.2 Gestão ambiental.

Fazem parte do arcabouço de conhecimentos associados à gestão ambiental:

- Métodos para a exploração sustentável de recursos naturais, de produção e de consumo sustentável;
- Técnicas para a recuperação de áreas degradadas;
- Técnicas de reflorestamento;
- Planejamento participativo;

- Gestão de *stakeholders*; e
- Estudo de riscos e impactos ambientais para a avaliação de novos empreendimentos ou ampliação de atividades produtivas.

No âmbito privado, a prática da gestão ambiental introduz a variável ambiental no planejamento empresarial e, quando bem aplicada, permite:

- Redução de custos diretos – pela diminuição do desperdício de matérias-primas e de recursos cada vez mais escassos e mais dispendiosos, como água e energia; e
- Redução de custos indiretos representados por sanções e indenizações relacionadas a danos ao meio ambiente ou à saúde de funcionários e da população de comunidades que tenham proximidade geográfica com as unidades de produção da empresa.

Gestão Ambiental e Desenvolvimento Sustentável são temas que permeiam as esferas econômica, cultural e política, e que remetem à interface entre sociedade e ecossistemas. Cada vez mais tem sido exigido das indústrias cuidados na preservação dos recursos naturais e respeito ao Código Florestal.

Ao colocar no mercado um produto que mostra preocupação com a preservação do meio ambiente, tanto a empresa, quanto o produto tornam-se referências para o consumidor. O próprio mercado consumidor passa a selecionar os produtos que consome em função da responsabilidade social das empresas que os produzem.

No Brasil, a prática gestão ambiental é essencial tendo em vista sua base constitucional de garantia do meio ambiente equilibrado (artigo 225 da Constituição Federal de 1988). Dessa forma, para além das questões ambientais, novas questões vêm se agregando à gestão ambiental, que passa a tratar também de aspectos como inclusão social, equidade e outras questões tipicamente relacionadas à sustentabilidade em seu tripé social, econômico e ambiental. Um exemplo prático de políticas para a inserção da gestão ambiental em empresas é a criação de leis que obrigam a prática da responsabilidade pós-consumo.

2.2.1 INSTRUMENTOS DE GESTÃO AMBIENTAL

Instrumentos de gestão ambiental são as ferramentas que visam a auxiliar no processo de planejamento, bem como na operacionalização da gestão ambiental.

Entende-se como instrumentos de Gestão Ambiental:

- Licenciamento ambiental;
- Estudo de impacto ambiental (EIA/RIMA);
- Geoprocessamento;

- Educação ambiental;
- Mediação de conflitos;
- Planejamento ambiental; e
- Auditoria ambiental.

Exemplo: Modelo de gestão ambiental para um porto.

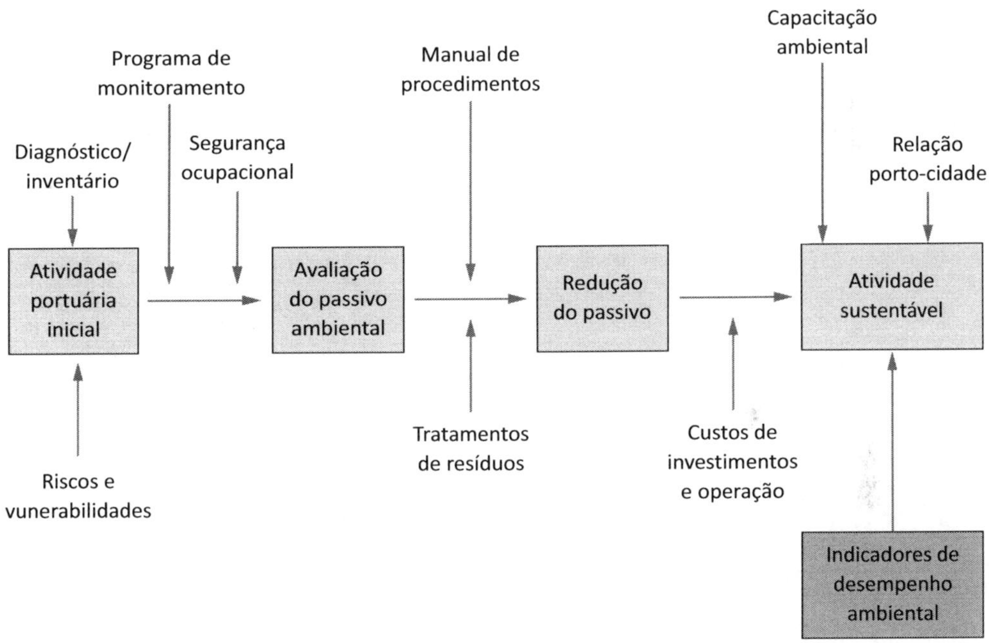

Figura 2.3 Modelo de gestão ambiental.

1. **Licenciamento ambiental** (ver item 2.4).
2. **Estudo de impacto ambiental – EIA/RIMA** (incluído no item 2.1).

3. Geoprocessamento

Geoprocessamento é o tratamento das informações geográficas, ou de dados georreferenciados, por meio de softwares específicos e cálculos.

4. Educação ambiental

Educação Ambiental é uma vertente da educação direcionada aos assuntos relacionados à interação homem e ambiente, despertando uma consciência crítica sobre os problemas ambientais. Trabalha o lado racional juntamente com o sensível, promovendo novos valores, ações de respeito e proteção ao meio ambiente.

5. Mediação de conflitos

A mediação de conflitos é um assunto cada vez mais debatido e estimulado no meio jurídico: facilita o processo de litígio e é mais rápida e menos custosa do que passar por todo um conflito judicial, com suas diversas etapas e prazos.

6. Planejamento ambiental

Planejamento ambiental é um conceito utilizado no contexto de diversas áreas do conhecimento para se referir a processos e mecanismos de sistematização de ações que visam atingir metas e objetivos de caráter ambiental.

7. Auditoria ambiental (ver item 2.6).

2.3 NORMAS ISO 14.000

Recentemente, conceitos como sustentabilidade, responsabilidade social e gestão socioambiental têm trazido novas dimensões à gestão ambiental. Dessa maneira, surgiram várias normas que definem os procedimentos relativos à gestão ambiental, tais como as normas da família ISO 14.000, que certificam que a empresa cumpre tais procedimentos em suas atividades produtivas e gerenciais.

Vídeo sobre ISO 14000:

http://livro.link/res08

A série de normas da International Organization for Standardization (ISO) é um conjunto de normas voltadas para a gestão ambiental de empresas de qualquer nível, tamanho ou área. As normas ISO 14.000 definem parâmetros e diretrizes para a gestão ambiental para as empresas (privadas e públicas). Seguindo essas normas, as empresas podem reduzir significativamente seus danos ambientais.

A família ISO 14.000 aborda vários aspectos da gestão ambiental e fornece ferramentas práticas para que as empresas e organizações identifiquem e controlem o seu impacto ambiental, aprimorando constantemente o seu desempenho na preservação ambiental. Ela é, portanto, um conjunto de normas voluntárias, para padronizar a gestão ambiental nas empresas e engloba seis grupos de normas, cada uma delas atendendo a um assunto específico da questão ambiental. Esses grupos são:

- Sistema de Gestão Ambiental (ISO 14001);
- Auditorias ambientais (14010, 14011 e 14012);
- Avaliação do desempenho ambiental (14031);
- Rotulagem ambiental (14020, 14021 e 14024);
- Aspectos ambientais em normas de produtos (15060); e
- Análise do ciclo de vida do produto (14040).

Quando uma empresa segue as normas e implanta os processos indicados, ela pode obter o Certificado ISO 14.000. Esse certificado é importante, pois atesta que a organização possui responsabilidade ambiental, valorizando assim seus produtos e sua marca.

2.3.1 CERTIFICAÇÃO DAS ISO 14.000

Para conseguir e manter o Certificado ISO 14.000, a empresa precisa:

- Seguir a legislação ambiental do país;
- Treinar e qualificar os funcionários para seguirem as normas;
- Diagnosticar os impactos ambientais que está causando; e
- Aplicar procedimentos para diminuir os danos ao meio ambiente.

O objetivo não é tornar a empresa uma *empresa verde*, mas sim fazer com que ela tenha uma melhoria contínua em seu Sistema de Gestão Ambiental (SGA) e esteja de acordo com todas as políticas e leis ambientais. O desenvolvimento de um SGA é variável conforme a empresa ou organização, por isso duas empresas certificadas nas normas ISO 14.000 podem ter desempenhos diferenciados, ainda que ambas estejam qualificadas.

Observação:

Há outros requisitos mais específicos e qualquer desalinho em relação a eles pode fazer com que a empresa não seja certificada.

2.3.1.1 Critérios

- Planejamento ambiental: fazer um planejamento completo dos aspectos ambientais da área, metas, objetivos, leis e programas ambientais;
- Realização e manutenção: após planejar, é preciso "ligar" o sistema, fazer com que ele funcione e mantê-lo funcionando;
- Documentação e arquivamento: realizar uma documentação completa de todos os processos relacionados com a gestão ambiental da empresa e do sistema que está sendo implementado e arquivá-los; e
- Revisão e inspeção: é preciso sempre estar monitorando e verificando os processos ligados à gestão ambiental. Caso uma ação corretiva precise ser tomada, ela também deverá ser documentada e arquivada.

2.3.1.2 Vantagens dos certificados

Uma empresa que tem um certificado ISO 14.000 obtém muitas vantagens, seja para o cliente ou para ela própria. Ao receber o certificado ISO 14.000, a empresa é associada a um padrão internacional de gestão ambiental, o que traz ao público a imagem positiva de uma empresa limpa e preocupada com o meio ambiente. Além disso, a empresa tem uma redução de gastos com matéria-prima e com o descarte de lixo ou resíduos da sua atividade.

2.4 LICENCIAMENTO AMBIENTAL

Licenciamento ambiental é o procedimento pelo qual o órgão competente licencia a localização, instalação, ampliação ou a operação de atividades que possam, de alguma maneira, causar danos ambientais.

O objetivo do licenciamento ambiental é expedir um ato administrativo chamado licença ambiental, pela qual o órgão competente estabelece as condições, restrições e medidas de controle que deverão ser obedecidas pelo realizador da atividade.

O licenciamento ambiental é um dos principais instrumentos da Política Nacional do Meio Ambiente (Lei n. 6.938/1981). É uma exigência legal a que estão sujeitos todos os empreendimentos ou atividades que empregam recursos naturais ou que possam causar algum tipo de degradação ao meio ambiente.

O licenciamento ambiental é uma das manifestações do chamado poder de polícia ambiental, que consiste na atividade do Estado que limita e regula direitos individuais em favor do interesse público relacionado à questão do meio ambiente.

Vídeo sobre licenciamento ambiental:

http://livro.link/res09

Licenciamento Ambiental é um processo administrativo complexo que tramita perante a instância administrativa responsável pela gestão ambiental, seja no âmbito federal, estadual ou municipal, e que tem como objetivo assegurar a qualidade de vida da população por meio de um controle prévio e de um acompanhamento continuado das atividades humanas capazes de gerar impactos sobre o meio ambiente.

Segundo o artigo 1º da Resolução n. 187 do Conselho Nacional do Meio Ambiente (Conama), qualquer atividade considerada potencialmente poluidora ou que cause degradação ambiental de qualquer maneira exige licenciamento ambiental.

Com ela, deve ser autorizada:

- a localização;
- a instalação;
- a ampliação; e
- a operação dos empreendimentos e/ou atividades.

2.4.1 TIPOS DE LICENCIAMENTO

- Licença Prévia (LP): concedida na fase preliminar do planejamento do empreendimento ou atividade aprovando sua localização e concepção, atestando a viabilidade ambiental e estabelecendo os requisitos básicos e condições a serem atendidas nas próximas fases da implementação;
- Licença de Instalação (LI): autoriza a instalação do empreendimento ou atividade de acordo com as especificações constantes dos planos, programas e projetos aprovados, incluindo as medidas de controle ambiental e demais condições; e
- Licença de Operação (LO): autoriza a operação da atividade ou empreendimento, após a verificação do cumprimento efetivo do que consta nas licenças anteriores, como as medidas de controle ambiental e condições determinadas para a operação.

Observação:

A Resolução n. 350 do Conama prevê ainda outro tipo de licença: Licença de Pesquisa Sísmica (LPS), que autoriza pesquisas sísmicas marítimas e em zonas de transição, estabelecendo todas as condições a serem observadas pelo realizador da atividade.

Cada entidade federativa possui seu órgão próprio responsável pelo processo de licenciamento ambiental, geralmente denominados institutos, superintendências ou secretarias do meio ambiente. Conforme as necessidades específicas dos casos, outros órgãos podem intervir no licenciamento para estabelecer condições ou emitir pareceres. A competência responsável pelo processamento do licenciamento ambiental é determinada pelo critério da extensão do impacto ambiental:

- Competência Federal: Quando o impacto ambiental for de caráter regional ou nacional, ou seja, ultrapassar os limites de um estado ou mesmo abranger todo o território brasileiro;
- Competência Estadual: Quando o impacto ambiental atinge mais de um município dentro do mesmo estado; e
- Competência Municipal: Quando o impacto ambiental se limita à área de um município.

2.5 SISTEMA DE GESTÃO AMBIENTAL

Sistema de Gestão Ambiental (SGA) é uma estrutura organizacional que permite à empresa ou unidade produtiva avaliar e controlar os impactos ambientais de suas atividades, produtos ou serviços.

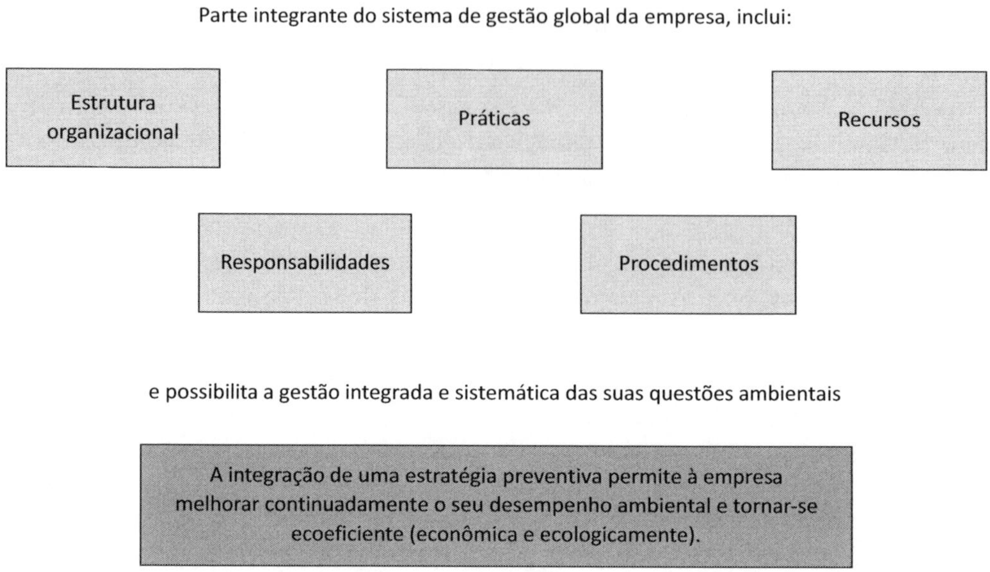

Figura 2.4 Sistema de gestão ambiental.

O SGA deve especificar competências, comportamentos, procedimentos e exigências a fim de avaliar e controlar os impactos ambientais de suas atividades.

Vídeo sobre o Sistema de Gestão Ambiental (SGA):

http://livro.link/res10

São (6) seis os elementos importantes de um SGA:

1) Política ambiental: na qual a empresa estabelece suas metas e compromissos com seu desempenho ambiental;
2) Planejamento: no qual a empresa analisa o impacto ambiental de suas atividades;
3) Implementação e operação: que são o desenvolvimento e a execução de ações para atingir as metas e os objetivos ambientais estabelecidos na política ambiental;
4) Monitoramento e correção das ações: que implica o monitoramento e a utilização de indicadores que asseguram que as metas e os objetivos estão sendo atingidos;
5) Revisão gerencial: na qual o SGA é revisado pela alta administração da empresa, a fim de assegurar sua probabilidade, adequação e efetividade; e
6) Melhoria contínua.

A seguir, são descritos os passos para elaboração de um SGA.

2.5.1 DEFINIÇÃO DO ESCOPO

Pode-se escolher aplicar a ISO 14001 em toda a organização ou apenas para uma unidade, localização ou produto específico. A ISO 14001 determina: "A organização deverá estabelecer um procedimento para identificar aspectos ambientais e determinar aqueles aspectos que tem ou podem ter um impacto significativo no ambiente" (ABNT, 2015). Os aspectos podem ser diretos ou indiretos.

Aspectos ambientais diretos estão associados com atividades, produtos e serviços da própria organização sobre os quais ela tem controle gerencial direto (ex.: como se gerencia resíduos em suas instalações).

Para organizações não industriais, o foco frequentemente será em aspectos ambientais indiretos de suas atividades (ex.: como seus subcontratados gerenciam resíduos em suas instalações, aspectos controlados em cadeia e aspectos controlados pelo cliente).

2.5.2 IDENTIFICAÇÃO DE ASPECTOS AMBIENTAIS

Identificações de atividade, serviço e produto:

- *Uma atividade* é uma parte do núcleo do negócio (exemplo: etapas do processo de produção);
- *Serviço* diz respeito a um serviço auxiliar que apoia as atividades núcleo (ex.: caldeiras, aquecedores, resfriamento e manutenção); e
- *Um produto* diz respeito às mercadorias oferecidas para o mercado. Um aspecto ambiental do produto poderia ser, por exemplo, a sua embalagem ou o nível de capacidade de reciclagem do produto ao final de seu ciclo de vida.

Quadro 2.2 Resumo de uma SGA

Aspectos gerais dos instrumentos	Situação do empreendimento	
	A instalar	**Instalado**
Quanto ao caráter	Preventivo	Corretivo; manutenção
Quanto aos objetivos	Prever e prevenir alterações ambientais	Minimizar alterações ambientais; melhorar imagem e relacionamento com a comunidade
Quanto ao critério na interpretação das alterações ambientais	Subjetivo (depende de julgamento de valor)	Objetivo (baseia-se em normas, exigências ou padrões legais estabelecidos)
Quanto aos tipos adequados	– Avaliação de Impacto Ambiental; – Plano de recuperação de áreas degradadas	– Recuperação de áreas degradadas; – Monitoramento ambiental; – Auditoria ambiental; – Análise de riscos ambientais; – Investigação do passivo ambiental; – Seguro ambiental
	Sistema de Gerenciamento Ambiental	

O profissional formado em gestão ambiental é o administrador do ambiente responsável por manter o equilíbrio entre a conservação dos recursos naturais e a produção econômica de bens e serviços. Portanto, ele:

- Gerencia projetos ambientais (elaboração, desenvolvimento e coordenação);
- Formula políticas para certificação ambiental;
- Promove ações de conscientização e educação ambiental; e
- Realiza estudos de impacto ambiental.

2.5.3 AVALIAÇÃO DE ASPECTOS E IMPACTOS AMBIENTAIS SIGNIFICATIVOS

Os aspectos ambientais significativos são o principal foco do sistema de gestão ambiental de uma organização. A avaliação da significância deverá considerar:

- O potencial para causar dano ambiental;
- O tamanho e frequência do aspecto;

- A importância para as partes interessadas da organização; e
- Os requisitos de legislação ambiental relevante.

2.5.4 GERENCIAMENTO DOS ASPECTOS AMBIENTAIS SIGNIFICATIVOS

Cada aspecto significativo deve estar sob controle para o estabelecimento de um ou mais dos seguintes controles:

- pessoa responsável;
- plano de treinamento, ou procedimento; e
- lista de verificação e/ou cronograma de manutenção.

A chave para qualquer SGA eficaz é ter os aspectos ambientais bem definidos desde o início do processo.

2.5.5 NORMAS REFERENTES À IMPLEMENTAÇÃO DO SGA

A norma ISO 14.001 é uma ferramenta criada para auxiliar empresas a identificar, priorizar e gerenciar seus riscos ambientais. A norma garante que a empresa dê uma maior atenção às questões mais relevantes de seu negócio.

ISO 14.004: normas sobre o SGA, porém destinadas à parte interna da empresa.

ISO 14.010: normas relacionadas à auditoria ambiental e sua credibilidade.

ISO 14.031: normas sobre o desempenho do SGA.

ISO 14.020: normas relacionadas aos rótulos e declarações ambientais.

Vídeo sobre Certificado ISO 14.001:

http://livro.link/res11

2.6 AUDITORIA AMBIENTAL: CERTIFICAÇÃO AMBIENTAL

2.6.1 AUDITORIA AMBIENTAL

A Norma NBR ISO 14.010 (atualmente substituída pela NBR ISO 19011) define Auditoria Ambiental como o:

> processo sistemático e documentado de verificação, executado para obter e avaliar, de forma objetiva, evidências de auditoria para determinar se as atividades, eventos, sistemas de gestão e condições ambientais específicos ou as informações relacionadas a estes estão em

conformidade com os critérios de auditoria e para comunicar os resultados deste processo ao cliente (ABNT, 1996).

A auditoria ambiental é uma ferramenta importante que deve ser usada pelas empresas para controlar a observância a critérios e medidas estipulados com o objetivo de evitar a degradação ambiental, que em geral decorre quando há falta ou pouco controle do impacto ambiental das operações.

Dentre as responsabilidades do auditor ambiental estão:

- Visita preliminar;
- Trabalhos de campo; e
- Apresentação de resultados.

Atualmente, a auditoria ambiental é considerada uma das principais ferramentas da gestão ambiental e de mais destaque. A auditoria ambiental identifica áreas de risco e problemas de infração ou desvio no cumprimento das normas padronizadas, apontando tanto os pontos fortes da operação quanto os fracos. Assim, é interessante que a operação candidata à certificação ambiental estude e conheça mais sobre os benefícios e exigências dessa ferramenta antes da implantação de um sistema de gestão ambiental.

A competição internacional e o processo acelerado de fusões e aquisições de empresas passaram a requerer verificações rigorosas para que passivos ambientais existentes pudessem ser avaliados e seu valor levado em consideração nos negócios, criando assim a necessidade de auditorias ambientais. Além de necessitarem de grandes custos para sua remediação, passivos e danos ambientais podem ferir a imagem de uma empresa, o que levou as organizações a estabelecerem processos sistemáticos de verificação dos cuidados com o meio ambiente, como a auditoria ambiental, em suas matrizes e filiais.

A auditoria ambiental é o retrato do desempenho ambiental da empresa em um determinado momento, ou seja, ela verifica se até aquele ponto a empresa está atendendo os padrões ambientais estabelecidos pela legislação ambiental vigente.

A classificação de uma auditoria ambiental é definida pelo seu objetivo:

- de certificação;
- de acompanhamento;
- de verificação;
- de correções;
- de descomissionamento;
- de desempenho ambiental; e
- auditoria pontual.

2.6.2 CERTIFICAÇÃO AMBIENTAL

A Certificação Ambiental é concedida a empresa que, nos processos de geração de seus produtos, respeita os dispositivos legais referentes às questões ambientais e apresenta determinados procedimentos exigidos pelo órgão certificador.

A NBR 10.004, acompanhando a ISO 14.001, estabelece 5 etapas para a certificação:

1) Solicitação de registro;
2) Revisão da documentação do SGA;
3) Diagnóstico do local;
4) Auditoria ISO 14.001; e
5) Certificação.

CAPÍTULO 3

Política Nacional de Resíduos Sólidos (PNRS)

3.1 OBJETO E CAMPO DE APLICAÇÃO

A Lei n. 12.305/2010 institui a Política Nacional de Resíduos Sólidos, dispondo sobre seus princípios, objetivos e instrumentos, bem como sobre as diretrizes relativas à gestão integrada, ao gerenciamento de resíduos sólidos, incluindo os perigosos, às responsabilidades dos geradores e do poder público e aos instrumentos econômicos aplicáveis. Estão sujeitas à observância dessa lei as pessoas físicas ou jurídicas, de direito público ou privado, responsáveis, direta ou indiretamente, pela geração de resíduos sólidos, e as que desenvolvam ações relacionadas à gestão integrada ou ao gerenciamento de resíduos sólidos. Essa lei não se aplica aos rejeitos radioativos, que são regulados por legislação específica.

Vídeo sobre Política Nacional de Resíduos Sólidos (PNRS):

http://livro.link/res12

Vídeo simplificado sobre Política Nacional de Resíduos Sólidos (PNRS):

http://livro.link/res13

Política Nacional de Resíduos Sólidos (PNRS):

http://livro.link/res14

3.2 DEFINIÇÕES

Para os efeitos dessa lei, entende-se por:

- *Acordo setorial*: ato de natureza contratual firmado entre o poder público e fabricantes, importadores, distribuidores ou comerciantes, tendo em vista a implantação da responsabilidade compartilhada pelo ciclo de vida do produto;
- *Área contaminada*: local onde há contaminação causada pela disposição, regular ou irregular, de quaisquer substâncias ou resíduos;
- *Área órfã contaminada*: área contaminada cujos responsáveis pela disposição não sejam identificáveis ou individualizáveis;
- *Ciclo de vida do produto*: série de etapas que envolvem o desenvolvimento do produto, a obtenção de matérias-primas e insumos, o processo produtivo, o consumo e a disposição final;
- *Coleta seletiva*: coleta de resíduos sólidos previamente segregados conforme sua constituição ou composição;

Figura 3.1 Coletores identificados. No vermelho, pode-se descartar embalagens de plástico, sacos de plástico e garrafas PET; no azul, são descartados papéis, revistas e caixas de papelão em geral; no coletor verde, são descartados garrafas de vidro e qualquer outro material de vidro; finalmente, no amarelo, pode-se descartar latas de alumínio e materiais de aço em geral.

Fonte: iStockphoto.

- *Controle social*: conjunto de mecanismos e procedimentos que garantam à sociedade informações e participação nos processos de formulação, implementação e avaliação das políticas públicas relacionadas aos resíduos sólidos;

- *Destinação final ambientalmente adequada*: destinação de resíduos que inclui a reutilização, a reciclagem, a compostagem, a recuperação e o aproveitamento energético ou outras destinações admitidas pelos órgãos competentes do Sistema Nacional do Meio Ambiente (Sisnama), do Sistema Nacional de Vigilância Sanitária (SNVS) e do Sistema Unificado de Atenção à Sanidade Agropecuária (Suasa). Entre elas, a disposição final, observando normas operacionais específicas de modo a evitar danos ou riscos à saúde pública e à segurança e a minimizar os impactos ambientais adversos;

Vídeo sobre a destinação final ambientalmente adequada:

http://livro.link/res15

- *Disposição final ambientalmente adequada*: distribuição ordenada de rejeitos em aterros, observando normas operacionais específicas de modo a evitar danos ou riscos à saúde pública e à segurança e a minimizar os impactos ambientais adversos;

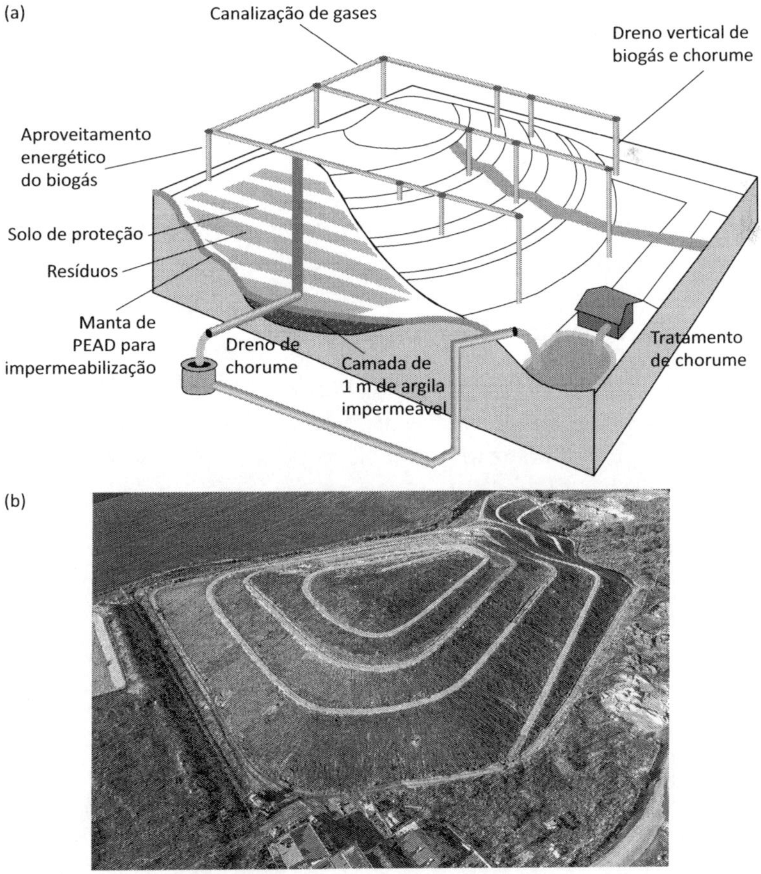

Figura 3.2 Aterro sanitário (a) e Disposição final ambientalmente adequada de rejeitos (b).

Fonte: iStockphoto (b).

- *Geradores de resíduos sólidos*: pessoas físicas ou jurídicas, de direito público ou privado, que geram resíduos sólidos por meio de suas atividades, dentre elas o consumo;
- *Gerenciamento de resíduos sólidos*: conjunto de ações exercidas, direta ou indiretamente, nas etapas de coleta, transporte, transbordo, tratamento e destinação final ambientalmente adequada dos resíduos sólidos e disposição final ambientalmente adequada dos rejeitos, de acordo com plano municipal de gestão integrada de resíduos sólidos ou com o plano de gerenciamento de resíduos sólidos, exigidos na forma dessa Lei;

Vídeo sobre gerenciamento de resíduos sólidos:

http://livro.link/res16

- *Gestão integrada de resíduos sólidos*: conjunto de ações voltadas à busca de soluções para o gerenciamento dos resíduos sólidos, de forma a considerar as dimensões política, econômica, ambiental, cultural e social, com controle social e sob a premissa do desenvolvimento sustentável;
- *Logística reversa*: instrumento de desenvolvimento econômico e social caracterizado por um conjunto de ações, procedimentos e meios destinados a viabilizar a coleta e a restituição dos resíduos sólidos ao setor empresarial, para reaproveitamento, em seu ciclo ou em outros ciclos produtivos, ou outra destinação final ambientalmente adequada;
- *Padrões sustentáveis de produção e consumo*: produção e consumo de bens e serviços de forma a atender as necessidades das atuais gerações e permitir melhores condições de vida sem comprometer a qualidade ambiental e o atendimento às necessidades das gerações futuras;
- *Reciclagem*: processo de transformação dos resíduos sólidos que envolve a alteração de suas propriedades físicas, físico-químicas ou biológicas, com vistas à transformação em insumos ou novos produtos, observadas as condições e os padrões estabelecidos pelos órgãos competentes;

Figura 3.3 Símbolo da reciclagem.

Fonte: iStockphoto.

- *Rejeitos*: resíduos sólidos que, depois de esgotadas todas as possibilidades de tratamento e recuperação por processos tecnológicos disponíveis e economicamente viáveis, não apresentem outra possibilidade que não a disposição final ambientalmente adequada. Os rejeitos, que são resíduos não recicláveis, são compostos principalmente por resíduos de banheiro (papel higiênico usado, fraldas, absorventes, cotonetes etc.) e outros resíduos: bitucas de cigarro, fotografias, adesivos e similares devem ser enviados apenas para aterros sanitários;
- *Resíduos sólidos*: material, substância, objeto ou bem descartado resultante de atividades humanas em sociedade, a cuja destinação final se procede, se propõe proceder ou se está obrigado a proceder, nos estados sólido ou semissólido, bem como gases contidos em recipientes e líquidos cujas particularidades tornem inviável o seu lançamento na rede pública de esgotos ou em corpos d'água, ou exijam para isso soluções técnica ou economicamente inviáveis em face da melhor tecnologia disponível;
- *Responsabilidade compartilhada pelo ciclo de vida dos produtos*: conjunto de atribuições individualizadas e encadeadas dos fabricantes, importadores, distribuidores e comerciantes, dos consumidores e dos titulares dos serviços públicos de limpeza urbana e de manejo dos resíduos sólidos para minimizar o volume de resíduos sólidos e rejeitos gerados, bem como para reduzir os impactos causados à saúde humana e à qualidade ambiental decorrentes do ciclo de vida dos produtos;
    - ▹ Os conceitos de logística reversa e de responsabilidade compartilhada permitem atribuir aos fabricantes, importadores, distribuidores, comerciantes e aos consumidores, obrigações quanto ao cumprimento das diretrizes do sistema de logística reversa; e
    - ▹ Os consumidores são obrigados, sempre que estabelecido os sistemas de logística reversa, a condicionar corretamente de forma diferenciada os resíduos sólidos e disponibilizar adequadamente esses resíduos reutilizáveis, recicláveis ou recuperáveis energeticamente para coleta ou devolução.
- *Reutilização:* processo de aproveitamento dos resíduos sólidos sem sua transformação biológica, física ou físico-química, observadas as condições e os padrões estabelecidos pelos órgãos competentes do Sisnama e, se couber, do SNVS e do Suasa; e
- *Serviços públicos de limpeza urbana e de manejo de resíduos sólidos*: Os serviços públicos de limpeza urbana e de manejo de resíduos sólidos urbanos contemplam atividades de coleta, transbordo, transporte, triagem, tratamento, inclusive por compostagem, e disposição final dos resíduos, envolvendo serviços de varrição, capina e poda de árvores em vias e logradouros públicos e outros eventuais serviços pertinentes à limpeza pública urbana.

Vídeo sobre limpeza urbana:

http://livro.link/res17

Figura 3.4 Atividades de serviço público de limpeza urbana.

Fonte: iStockphoto.

3.3 DISPOSIÇÕES GERAIS

A Política Nacional de Resíduos Sólidos (PNRS) reúne o conjunto de princípios, objetivos, instrumentos, diretrizes, metas e ações adotadas pelo Governo Federal, isoladamente ou em regime de cooperação com os Estados, Distrito Federal, Municípios ou particulares, com vistas à gestão integrada e ao gerenciamento ambientalmente adequado dos resíduos sólidos.

A PNRS integra a Política Nacional do Meio Ambiente e articula-se com a Política Nacional de Educação Ambiental e com a Política Federal de Saneamento Básico.

3.4 PRINCÍPIOS, OBJETIVOS E INSTRUMENTOS

São *princípios* da PNRS:

- A prevenção e a precaução;
- O poluidor-pagador e o protetor-recebedor;
- A visão sistêmica, na gestão dos resíduos sólidos, que considere as variáveis ambiental, social, cultural, econômica, tecnológica e de saúde pública;
- O desenvolvimento sustentável;
- A ecoeficiência, mediante a compatibilização entre o fornecimento, a preços competitivos, de bens e serviços qualificados que satisfaçam as necessidades humanas e tragam qualidade de vida e a redução do impacto ambiental e do consumo de recursos naturais a um nível, no mínimo, equivalente à capacidade de sustentação estimada do planeta;

- A cooperação entre as diferentes esferas do poder público, o setor empresarial e demais segmentos da sociedade;
- A responsabilidade compartilhada pelo ciclo de vida dos produtos;
- O reconhecimento do resíduo sólido reutilizável e reciclável como um bem econômico e de valor social, gerador de trabalho e renda e promotor de cidadania;
- O respeito às diversidades locais e regionais;
- O direito da sociedade à informação e ao controle social; e
- A razoabilidade e a proporcionalidade.

São *objetivos* da PNRS:

- Proteção da saúde pública e da qualidade ambiental;
- Não geração, redução, reutilização, reciclagem e tratamento dos resíduos sólidos, bem como disposição final ambientalmente adequada dos rejeitos;
- O estímulo à adoção de padrões sustentáveis de produção e consumo de bens e serviços;
- Adoção, desenvolvimento e aprimoramento de tecnologias limpas como forma de minimizar impactos ambientais;
- Redução do volume e da periculosidade dos resíduos perigosos;
- O incentivo à indústria da reciclagem, visando fomentar o uso de matérias-primas e insumos derivados de materiais recicláveis e reciclados;

Figura 3.5 Coleta seletiva e reciclagem.

Fonte: iStockphoto.

- Gestão integrada de resíduos sólidos;
- A articulação entre as diferentes esferas do poder público, e dessas com o setor empresarial, com vistas à cooperação técnica e financeira para a gestão integrada de resíduos sólidos;
- A capacitação técnica continuada no âmbito dos resíduos sólidos;
- Regularidade, continuidade, funcionalidade e universalização da prestação dos serviços públicos de limpeza urbana e de manejo de resíduos sólidos, por meio da adoção de mecanismos gerenciais e econômicos que assegurem a recuperação dos custos dos serviços prestados, como forma de garantir sua sustentabilidade operacional e financeira;
- Dar prioridade às aquisições e contratações governamentais, para:
    - ▹ produtos reciclados e recicláveis; e
    - ▹ bens, serviços e obras que considerem critérios compatíveis com padrões de consumo social e ambientalmente sustentáveis;
- A integração dos catadores de materiais reutilizáveis e recicláveis nas ações que envolvam a responsabilidade compartilhada pelo ciclo de vida dos produtos;
- O estímulo à implementação da avaliação do ciclo de vida do produto;
- O incentivo ao desenvolvimento de sistemas de gestão ambiental e empresarial voltados para a melhoria dos processos produtivos e para o reaproveitamento dos resíduos sólidos, incluindo a recuperação e o aproveitamento energético; e
- O estímulo à rotulagem ambiental e ao consumo sustentável.

São *instrumentos* da PNRS:

- Os planos de resíduos sólidos;
- Os inventários e o sistema declaratório anual de resíduos sólidos;
- A coleta seletiva, os sistemas de logística reversa e outras ferramentas relacionadas à implementação da responsabilidade compartilhada pelo ciclo de vida dos produtos;
- O incentivo à criação e ao desenvolvimento de cooperativas ou de outras formas de associação de catadores de materiais reutilizáveis e recicláveis;
- O monitoramento e a fiscalização ambiental, sanitária e agropecuária;
- A cooperação técnica e financeira entre os setores público e privado para o desenvolvimento de pesquisas de novos produtos, métodos, processos e tecnologias de gestão, reciclagem, reutilização, tratamento de resíduos e disposição final ambientalmente adequada de rejeitos;
- A pesquisa científica e tecnológica;
- A educação ambiental;

Figura 3.6 Educação ambiental.

Fonte: iStockphoto.

- Os incentivos fiscais, financeiros e creditícios;
- Os Fundos Nacionais do Meio Ambiente (FNMA) e de Desenvolvimento Científico e Tecnológico (FNDCT);
- O Sistema Nacional de Informações sobre a Gestão dos Resíduos Sólidos (Sinir);
- O Sistema Nacional de Informações em Saneamento Básico (Sinisa);
- Os conselhos de meio ambiente e, no que couber, os de saúde;
- Os órgãos colegiados municipais destinados ao controle social dos serviços de resíduos sólidos urbanos;
- O Cadastro Nacional de Operadores de Resíduos Perigosos (CNORP);
- Os acordos setoriais;
- No que couber, os instrumentos da *Política Nacional de Meio Ambiente*, entre eles:
    - ▹ Os padrões de qualidade ambiental;
    - ▹ O Cadastro Técnico Federal de Atividades Potencialmente Poluidoras (CTF/APP) ou Utilizadoras de Recursos Ambientais;
    - ▹ O Cadastro Técnico Federal de Atividades e Instrumentos de Defesa Ambiental (CTF/AIDA);
    - ▹ A avaliação de impactos ambientais;
    - ▹ O Sistema Nacional de Informação sobre Meio Ambiente (Sinima); e
    - ▹ O licenciamento e a revisão de atividades efetiva ou potencialmente poluidoras.
- Os termos de compromisso e os termos de ajustamento de conduta; e
- O incentivo à adoção de consórcios ou de outras formas de cooperação entre os entes federados, visando a elevação das escalas de aproveitamento e à redução dos custos envolvidos.

3.5 DIRETRIZES[1]

Art.9. Na gestão e gerenciamento de resíduos sólidos, deve ser observada a seguinte ordem de prioridade: não geração, redução, reutilização, reciclagem, tratamento dos resíduos sólidos e disposição final ambientalmente adequada dos rejeitos [...]

Art.10. Incumbe ao Distrito Federal e aos Municípios a gestão integrada dos resíduos sólidos gerados nos respectivos territórios, sem prejuízo das competências de controle e fiscalização dos órgãos federais e estaduais [...], bem como da responsabilidade do gerador pelo gerenciamento de resíduos, consoante o estabelecido nesta Lei.

Art.11. Observadas as diretrizes e demais determinações estabelecidas nesta Lei e em seu regulamento, incumbe aos Estados: I – promover a integração da organização, do planejamento e da execução das funções públicas de interesse comum relacionadas à gestão dos resíduos sólidos nas regiões metropolitanas, aglomerações urbanas e microrregiões [...] II – controlar e fiscalizar as atividades dos geradores sujeitas a licenciamento ambiental pelo órgão estadual do Sisnama [...]

Art.12. A União, os Estados, o Distrito Federal e os Municípios organizarão e manterão, de forma conjunta, o Sistema Nacional de Informações sobre a Gestão dos Resíduos Sólidos (Sinir), articulado com o Sinisa e o Sinima.

Parágrafo único. Incumbe aos Estados, ao Distrito Federal e aos Municípios fornecer ao órgão federal responsável pela coordenação do Sinir todas as informações necessárias sobre os resíduos sob sua esfera de competência, na forma e na periodicidade estabelecidas em regulamento (BRASIL, 2010).

3.6 RESPONSABILIDADES DOS GERADORES E DO PODER PÚBLICO

Art.25. O poder público, o setor empresarial e a coletividade são responsáveis pela efetividade das ações voltadas para assegurar a observância da Política Nacional de Resíduos Sólidos e das diretrizes e demais determinações estabelecidas nesta Lei e em seu regulamento.

Art.26. O titular dos serviços públicos de limpeza urbana e de manejo de resíduos sólidos é responsável pela organização e prestação direta ou indireta desses serviços, observados o respectivo plano municipal de gestão integrada de resíduos sólidos [...]

Art.27. As pessoas físicas ou jurídicas são responsáveis pela implementação e operacionalização integral do plano de gerenciamento de resíduos sólidos aprovado pelo órgão competente [...] (BRASIL, 2010).

---

[1] A partir daqui, citamos a Lei na íntegra.

3.7 OUTRAS DETERMINAÇÕES

Art.30. É instituída a *responsabilidade compartilhada* pelo ciclo de vida dos produtos, a ser implementada de forma individualizada e encadeada, abrangendo os fabricantes, importadores, distribuidores e comerciantes, os consumidores e os titulares dos serviços públicos de limpeza urbana e de manejo de resíduos sólidos, consoante as atribuições e procedimentos previstos nesta Seção (BRASIL, 2010, grifo do autor).

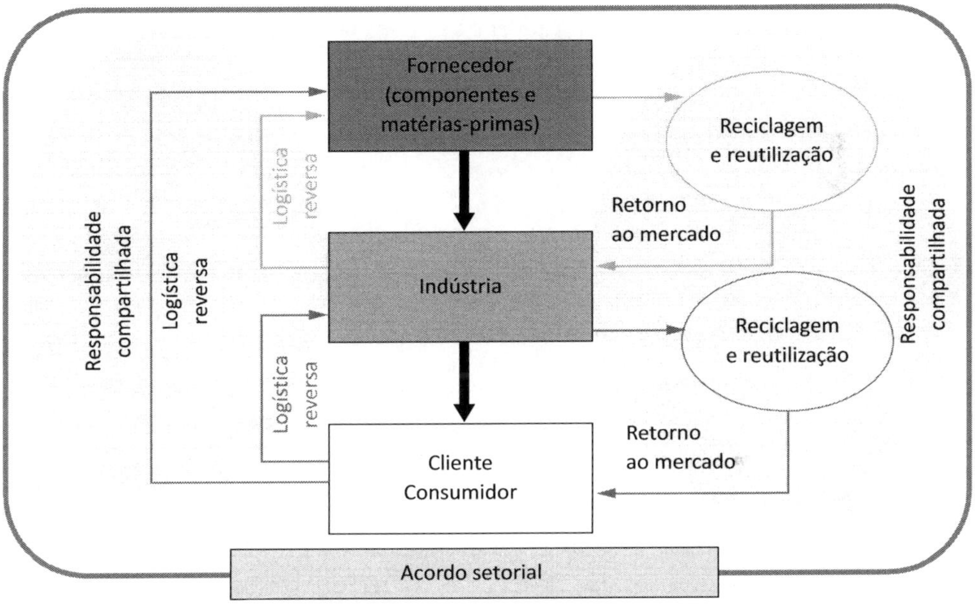

Figura 3.7 Acordo setorial.

Fonte: adaptada de Ministério do Meio Ambiente.

Parágrafo único. A responsabilidade compartilhada pelo ciclo de vida dos produtos tem por objetivo:

I. compatibilizar interesses entre os agentes econômicos e sociais e os processos de gestão empresarial e mercadológica com os de gestão ambiental, desenvolvendo estratégias sustentáveis;

II. promover o aproveitamento de resíduos sólidos, direcionando-os para a sua cadeia produtiva ou para outras cadeias produtivas;

III. reduzir a geração de resíduos sólidos, o desperdício de materiais, a poluição e os danos ambientais;

IV. incentivar a utilização de insumos de menor agressividade ao meio ambiente e de maior sustentabilidade;

V. estimular o desenvolvimento de mercado, a produção e o consumo de produtos derivados de materiais reciclados e recicláveis;

VI. propiciar que as atividades produtivas alcancem eficiência e sustentabilidade;

VII. incentivar as boas práticas de responsabilidade socioambiental (BRASIL, 2010).

Sobre *logística reversa*: São obrigados a estruturar e implementar sistemas de *logística reversa*, mediante retorno dos produtos após o uso pelo consumidor, de forma independente do serviço público de limpeza urbana e de manejo dos resíduos sólidos, os fabricantes, importadores, distribuidores e comerciantes de:

- Agrotóxicos, seus resíduos e embalagens;
- Pilhas e baterias;
- Pneus;
- Óleos lubrificantes, seus resíduos e embalagens;
- Lâmpadas fluorescentes, de vapor de sódio e mercúrio e de luz mista; e
- Produtos eletroeletrônicos e seus componentes.

Com exceção dos consumidores, todos os participantes dos sistemas de logística reversa manterão atualizadas e disponíveis ao órgão municipal competente e a outras autoridades informações completas sobre a realização das ações sob sua responsabilidade.

Sobre *acordos setoriais* ou *termos de compromisso*: Os acordos setoriais ou termos de compromisso podem ter abrangência nacional, regional, estadual ou municipal.

Sobre *coleta seletiva:* Sempre que estabelecido sistema de coleta seletiva pelo plano municipal de gestão integrada de resíduos sólidos, os consumidores são obrigados a:

- Acondicionar adequadamente e de forma diferenciada os resíduos sólidos gerados; e
- Disponibilizar adequadamente os resíduos sólidos reutilizáveis e recicláveis para coleta ou devolução.

Sobre *responsabilidade compartilhada:* No âmbito da responsabilidade compartilhada pelo ciclo de vida dos produtos, cabe ao titular dos serviços públicos de limpeza urbana e de manejo de resíduos sólidos, observado, se houver, o plano municipal de gestão integrada de resíduos sólidos:

- Adotar procedimentos para reaproveitar os resíduos sólidos reutilizáveis e recicláveis oriundos dos serviços públicos de limpeza urbana e de manejo de resíduos sólidos;
- Estabelecer sistema de coleta seletiva;

- Implantar sistema de compostagem para resíduos sólidos orgânicos e articular com os agentes econômicos e sociais formas de utilização do composto produzido; e
- Dar disposição final ambientalmente adequada aos resíduos e rejeitos oriundos dos serviços públicos de limpeza urbana e de manejo de resíduos sólidos.

Sobre *resíduos perigosos:* A instalação e o funcionamento de empreendimento ou atividade que gere ou opere com resíduos perigosos somente podem ser autorizados ou licenciados pelas autoridades competentes se o responsável comprovar, no mínimo, capacidade técnica e econômica, além de condições para prover os cuidados necessários ao gerenciamento desses resíduos.

3.8 INSTRUMENTOS ECONÔMICOS

O poder público poderá instituir medidas indutoras e linhas de financiamento para atender, prioritariamente, às iniciativas de:

- Prevenção e redução da geração de resíduos sólidos no processo produtivo;
- Desenvolvimento de produtos com menores impactos à saúde humana e à qualidade ambiental em seu ciclo de vida;
- Implantação de infraestrutura física e aquisição de equipamentos para cooperativas ou outras formas de associação de catadores de materiais reutilizáveis e recicláveis formadas por pessoas físicas de baixa renda;
- Desenvolvimento de projetos de gestão dos resíduos sólidos de caráter intermunicipal ou regional;
- Estruturação de sistemas de coleta seletiva e de logística reversa;
- Descontaminação de áreas contaminadas, incluindo as áreas órfãs;
- Desenvolvimento de pesquisas voltadas para tecnologias limpas aplicáveis aos resíduos sólidos; e
- Desenvolvimento de sistemas de gestão ambiental e empresarial voltados para a melhoria dos processos produtivos e ao reaproveitamento dos resíduos.

Observação:

A União, os estados, o distrito federal e os municípios, no âmbito de suas competências, poderão instituir normas com o objetivo de conceder incentivos fiscais, financeiros ou creditícios.

3.9 PROIBIÇÕES

São proibidas as seguintes formas de destinação ou disposição final de resíduos sólidos ou rejeitos:

- Lançamento em praias, no mar ou em quaisquer corpos hídricos;
- Lançamento *in natura* a céu aberto, excetuados os resíduos de mineração;
- Queima a céu aberto ou em recipientes em instalações e equipamentos não licenciados para essa finalidade; e
- Outras formas vedadas pelo poder público.

São proibidas, nas áreas de disposição final de resíduos ou rejeitos, as seguintes atividades:

- Utilização dos rejeitos dispostos como alimentação;
- Catação;
- Criação de animais domésticos;
- Fixação de habitações temporárias ou permanentes; e
- Outras atividades vedadas pelo poder público.

Observação:

É proibida a importação de resíduos sólidos perigosos e rejeitos, bem como de resíduos sólidos cujas características causem danos ao meio ambiente, à saúde pública, ao bem-estar animal e à integridade vegetal, ainda que para tratamento, reforma, reuso, reutilização ou recuperação.

CAPÍTULO 4

Outras regulamentações brasileiras com ênfase em resíduos sólidos

4.1 CONSTITUIÇÃO DO BRASIL

A constituição é a lei maior (a mais importante) do país. O artigo 225 da nossa Constituição de 1988 afirma:

> Todos têm direito ao meio ambiente ecologicamente equilibrado, bem de uso comum do povo e essencial à sadia qualidade de vida, impondo-se ao Poder Público e à Coletividade o dever de defendê-lo e preservá-lo para as presentes e para futuras gerações.

Vídeo sobre o artigo 225 da Constituição do Brasil:

http://livro.link/res18

4.2 MINISTÉRIO DO MEIO AMBIENTE

O Ministério do Meio Ambiente tem como função conciliar os interesses de conservação ambiental aos demais interesses da sociedade. Desenvolve políticas públicas que visam promover a produção sustentável e o consumo sustentável além de introduzir o conceito de economia circular.

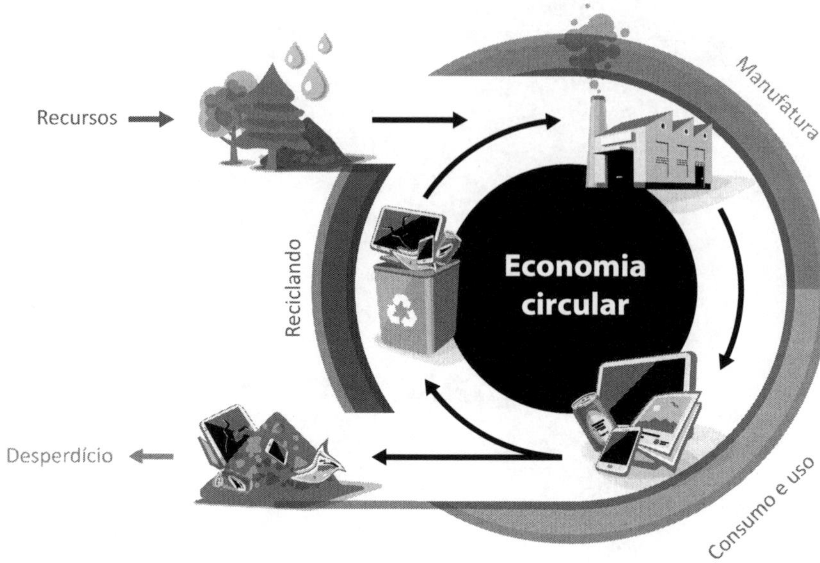

Figura 4.1 Economia circular.

Fonte: iSotckphoto.

Produção sustentável é a incorporação, ao longo de todo o ciclo de vida de bens e serviços, das melhores alternativas possíveis para minimizar impactos ambientais e sociais. Essa abordagem reduz, prevenindo mais do que mitigando, impactos ambientais e minimiza riscos à saúde humana, gerando efeitos econômicos e sociais positivos.

O *consumo sustentável* envolve a escolha de produtos que utilizaram menos recursos naturais em sua produção, que garantiram o emprego decente aos que os produziram e que serão facilmente reaproveitados ou reciclados. Segundo o Programa das Nações Unidas para o Meio Ambiente (PNUMA), esse tipo de consumo é o uso de bens e serviços que:

- Atendam às necessidades básicas, proporcionando uma melhor qualidade de vida; e
- Minimizam o uso de recursos naturais, materiais tóxicos, a geração de resíduos e a emissão de poluentes, durante todo ciclo de vida do produto ou do serviço, de modo que não se coloque em risco as necessidades das futuras gerações.

Vídeo sobre economia circular:

http://livro.link/res19

Economia circular é um conceito que faz parte do desenvolvimento sustentável e de conceitos econômicos. Ele propõe que os resíduos de uma indústria sirvam como matéria-prima reciclada de outra indústria ou para a própria.

A principal finalidade da economia circular é reunir todos os atores de uma mesma cadeia (fornecedores, fabricantes, importadores, distribuidores, comerciantes e consumidor final) para que juntos possam encontrar uma solução sustentável para o ciclo de vida dos resíduos gerados, contribuindo assim para um sistema de produção e consumo sustentável.

4.3 POLÍTICA NACIONAL DO MEIO AMBIENTE: SISNAMA, SINIR E CONAMA

A Política Nacional de Meio Ambiente, definida pela Lei n. 6.938/1981, regulamentada pelo Decreto n. 99.274/1990, é a referência mais importante na proteção ambiental. Ela confere efetividade ao artigo constitucional 225, referente ao meio ambiente equilibrado e simultaneamente ao dever de responsabilidade quando uma atividade gerar dano ambiental.

Vídeo sobre a Política Nacional do Meio Ambiente:

http://livro.link/res20

Na Lei constam os objetivos, instrumentos e diretrizes da política. Ela ainda foi responsável pela criação do Sistema Nacional do Meio Ambiente (Sisnama) e sua estrutura básica, como também o Conselho Nacional de Meio Ambiente (Conama).

Essa política visa a preservação, melhoria e recuperação da qualidade ambiental propícia à vida, de modo a assegurar, no país, condições adequadas ao desenvolvimento socioeconômico, aos interesses da segurança nacional e à proteção da dignidade da vida humana.

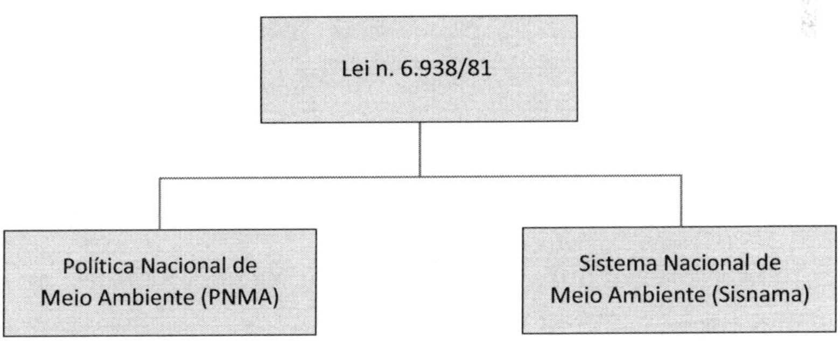

Figura 4.2 Esquema da Lei n. 6.938/1981.

A Lei n. 6.938/1981 tem como objetivos principais:

- O desenvolvimento sustentável;
- O estabelecimento de padrões de qualidade ambiental;
- O desenvolvimento e a difusão de pesquisas e tecnologias para o uso racional dos recursos ambientais;
- A preservação e a restauração dos recursos ambientais; e
- A responsabilidade integral do poluidor e do pagador.

São instrumentos da Política Nacional do Meio Ambiente:

- O estabelecimento de padrões de qualidade ambiental;
- O zoneamento ambiental;
- A avaliação de impactos ambientais;
- O licenciamento e a revisão de atividades efetiva ou potencialmente poluidoras;
- Os incentivos à produção ou absorção de tecnologias voltadas para a melhoria da qualidade ambiental;
- A criação de espaços territoriais especialmente protegidos pelo Poder Público federal, estadual e municipal, tais como áreas de proteção ambiental, de relevante interesse ecológico e reservas extrativistas;
- O cadastro técnico federal das atividades e instrumentos de defesa ambiental;
- As penalidades disciplinares ou compensatórias ao não-cumprimento das medidas necessárias à preservação ou correção da degradação ambiental;
- A instituição de relatório de qualidade do meio ambiente, a ser divulgado anualmente pelo Ibama; e
- O cadastro técnico federal de atividades potencialmente poluidoras e/ou utilizadoras dos recursos ambientais.

4.3.1 SISTEMA NACIONAL DO MEIO AMBIENTE (SISNAMA)

O Sistema Nacional do Meio Ambiente é o conjunto de órgãos e entidades da União, dos Estados, do Distrito Federal e dos Municípios e de Fundações instituídas pelo Poder Público, responsáveis pela proteção e melhoria da qualidade ambiental.

4.3.2 SISTEMA NACIONAL DE INFORMAÇÕES SOBRE A GESTÃO DOS RESÍDUOS SÓLIDOS (SINIR)

O Sinir tem como finalidades, entre outras, disponibilizar periodicamente à sociedade o diagnóstico da situação dos resíduos sólidos no País, por meio de Inventário Nacional de Resíduos, e agregar informações sob a esfera de competência da União, Estados, Distrito Federal e Municípios.

4.3.3 CONSELHO NACIONAL DO MEIO AMBIENTE (CONAMA)

O *Conama* é o órgão consultivo e deliberativo do *Sisnama*. Ele conta com a participação da sociedade civil, de representantes de ONGs ambientalistas e de representantes do setor privado. Assim, o próprio mercado consumidor passa a selecionar os produtos que consome, em função da responsabilidade social das empresas que os produzem.

Foram criadas, pelo Conama, várias normas que definem os procedimentos relacionados à gestão ambiental, tais como as da família ISO 14.000, que certificam que a empresa cumpre tais procedimentos em suas atividades produtivas e gerenciais.

Figura 4.3 Pilhas e baterias.

Fonte: iStockphoto.

A resolução Conama n. 401/2008 estabelece os critérios e padrões para o gerenciamento ambientalmente adequado das pilhas e baterias portáteis, das baterias chumbo-ácido, automotivas e industriais, e das pilhas e baterias dos sistemas eletroquímicos níquel-cádmio e óxido de mercúrio, comercializadas no território nacional, além de critérios e padrões para o seu gerenciamento, além de apresentar outras providências. A Resolução estabelece os limites máximos de chumbo, cádmio e mercúrio em pilhas e baterias.

4.4 PADRÕES DE QUALIDADE AMBIENTAL E AVALIAÇÃO DE IMPACTO AMBIENTAL

4.4.1 PADRÕES DE QUALIDADE AMBIENTAL

Os Padrões de Qualidade são normas estabelecidas pela legislação ambiental e pelos órgãos administrativos de meio ambiente referentes aos níveis permitidos de poluição do ar, da água, do solo e dos ruídos. No Brasil, são estabelecidos por Resoluções do Conselho Nacional do Meio Ambiente (Conama).

No presente, já estão regulamentados os padrões de qualidade do ar, de qualidade das águas e dos níveis de ruídos.

4.4.2 PADRÕES DE QUALIDADE DO AR

Fixa o limite máximo de emissão de poluentes no ar atmosférico (partículas totais em suspensão, fumaça, partículas inaláveis, dióxido de enxofre, monóxido de carbono, ozônio e dióxido de nitrogênio).

4.4.3 PADRÕES DE QUALIDADE DAS ÁGUAS

Classifica as águas em:

- Doces, possuem um grau de salinidade inferior a 0,5‰;
- Salobras, possuem um grau de salinidade entre 0,5‰ e 30‰; e
- Salinas, possuem um grau de salinidade superior a 30‰.

4.4.4 PADRÕES DOS NÍVEIS PARA RUÍDOS

Os ruídos podem causar graves danos ao aparelho auditivo do ser humano, especialmente se ultrapassarem os limites estabelecidos pelas normas de forma contínua. A emissão de ruídos, em decorrência de quaisquer atividades:

- industriais;
- comerciais;
- sociais ou recreativas; e
- de propaganda política, obedecerá, no interesse da saúde e do sossego público, aos padrões, critérios e diretrizes estabelecidos.

Há resoluções estabelecendo normas para o controle dos ruídos:

- produzidos por atividades industriais;
- produzidos por quaisquer outras atividades;
- produzidos por eletrodomésticos;
- produzidos por veículos automotores.

4.4.5 AVALIAÇÃO DE IMPACTO AMBIENTAL (AIA)

A Avaliação de Impacto Ambiental (AIA) visa a realização da análise sistemática dos impactos ambientais da instalação ou operação de uma atividade e suas diversas alternativas, com a finalidade de embasar as decisões quanto ao seu licenciamento. É constituída por um conjunto de procedimentos técnicos e administrativos.

Vídeo sobre avaliação de impacto ambiental:

http://livro.link/res21

São instrumentos da AIA:

- Visitas técnicas;
- MDL (mecanismos de desenvolvimento limpo);
- Audiência pública;
- Análise do ciclo de vida; e
- EIA/RIMA (avaliação ambiental estratégica).

Passos para elaboração de Estudos de Impactos Ambientais e Relatório de Impacto no Meio Ambiente (EIA/RIMA):

- Objeto e identificação do empreendedor;
- Justificativas;
- Alternativas Tecnológicas;
- Alternativas Locacionais;
- Aspectos Legais e Institucionais;
- Compatibilização com os Planos e Programas existentes e previstos;
- Caracterização do Empreendimento;
- Diagnóstico Ambiental (Meio Físico, Meio Biótico e Meio Antrópico);
- Análises dos Impactos Ambientais (Meio Físico, Meio Biótico e Meio Antrópico);
- Medidas Mitigadoras ou Compensatórias;
- Programa de Monitoramento e Ações de Controle Ambiental;
- RIMA (Relatório de Impacto Ambiental);
- Auditoria;
- Monitoramento; e
- Licenciamento Ambiental.

4.5 MARCO LEGAL DO SANEAMENTO BÁSICO

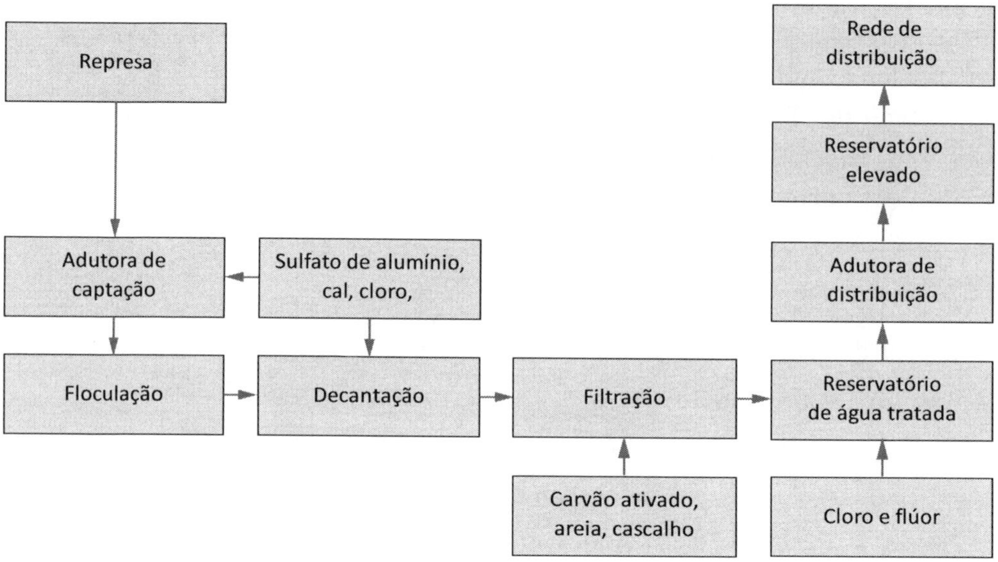

Figura 4.4 Abastecimento de água potável.

Considera-se *saneamento básico* o conjunto de serviços, infraestruturas e instalações de:

- Abastecimento de água potável;
- Esgotamento sanitário;
- Limpeza urbana e manejo dos resíduos sólidos; e
- Drenagem e manejo de águas pluviais urbanas.

Vídeos sobre o Marco Legal do Saneamento Básico:

http://livro.link/res22

A nova Lei do Marco Legal do Saneamento Básico (Lei n. 14.026/2020) estabelece que:

> A disposição final ambientalmente adequada dos rejeitos deverá ser implantada até 31 de dezembro de 2020, exceto para os Municípios que até essa data tenham elaborado plano intermunicipal de resíduos sólidos ou plano municipal de gestão integrada de resíduos sólidos e que disponham de mecanismos de cobrança que garantam sua sustentabilidade econômico-financeira [...], para os quais ficam definidos os seguintes prazos:
>
> I – *Até 2 de agosto de 2021*: para capitais de Estados e Municípios integrantes de Região Metropolitana (RM) ou de Região Integrada de Desenvolvimento (Ride) de capitais;
>
> II – *Até 2 de agosto de 2022*: para Municípios com população superior a 100.000 habitantes no Censo 2010, bem como para Municípios cuja mancha urbana da sede municipal esteja situada a menos de 20 quilômetros da fronteira com países limítrofes;

III – *Até 2 de agosto de 2023:* para Municípios com população entre 50 e 100 mil habitantes, e

IV – *Até 2 de agosto de 2024*: para Municípios com população inferior a 50.000 habitantes (BRASIL, 2020).

Observação:

1) Nos casos em que a disposição de rejeitos em aterros sanitários for economicamente inviável, poderão ser adotadas outras soluções; e
2) Essa lei teve, entre outros, um veto importante que se referia à desobrigação de licitação para serviços de resíduos sólidos e de drenagem.

Essa lei determina ainda que empresas públicas não poderão mais ser contratadas diretamente para executar os serviços de saneamento básico. Municípios ou estados terão que fazer uma concorrência aberta a empresas privadas, por meio de licitação, e as interessadas terão de se comprometer com a meta de universalização dos serviços.

Um dos pilares da lei é a uniformização de regras. A Agência Nacional das Águas (ANA) deverá presidir a definição e as diretrizes, evitando que as atuais agências reguladoras mantenham um sistema complexo, pouco transparente e com superposições, principalmente para as tarifas. A regulação evita que as prefeituras renovem automaticamente e sem licitação os contratos com estatais de Saneamento.

Essa nova lei objetiva a *universalização dos serviços de saneamento básico* no Brasil, tendo como metas:

- Até 2023: água potável em 100% do território nacional; e
- Até 2033: 92% de cobertura de coleta e tratamento de esgoto.

Lei que atualiza o Marco Legal do Saneamento Básico:

http://livro.link/res23

4.6 OUTRAS LEIS, CONCEITOS E REGULAMENTOS

4.6.1 A LEI DO SANEAMENTO BÁSICO

A Lei do Saneamento Básico, Lei n. 11.445/2007, versa sobre todos os setores do saneamento básico (drenagem urbana, abastecimento de água, esgotamento sanitário e resíduos sólidos). Ela especifica as atividades que constituem o serviço de limpeza urbana e manejo de resíduos sólidos urbanos de triagem para fins de reuso ou reciclagem, de tratamento, inclusive por compostagem, e de disposição final dos resíduos de varrição, capina e poda de árvores em vias e logradouros públicos.

São seus princípios fundamentais: o abastecimento de água, o esgotamento sanitário, a limpeza urbana e o manejo dos resíduos sólidos realizado de formas adequadas à saúde pública e à proteção do meio ambiente.

Observação:

Os serviços públicos de saneamento básico terão a sustentabilidade econômico-financeira assegurada, sempre que possível, mediante remuneração pela cobrança dos serviços.

4.6.2 A LEI DE RECURSOS HÍDRICOS E PNRH

A Lei de Recursos Hídricos, Lei n. 9.433/1997, institui a Política Nacional de Recursos Hídricos (PNRH) que define a água como recurso natural limitado, dotado de valor econômico, e que deve ser dada a preferência ao uso múltiplo.

São destaques dessa lei: cobrança pelo uso da água; outorga, ou seja, autorização pelo uso da água; planejamento, gestão de recursos hídricos, princípios usuário-pagador e poluidor pagador.

4.6.3 LEI DOS CRIMES AMBIENTAIS

A Lei dos Crimes Ambientais, Lei n. 9.605/1998, reordena a legislação brasileira no que se refere às infrações e punições. Destaca-se, por exemplo, a possibilidade de penalização das pessoas jurídicas no caso de ocorrência de crimes ambientais.

4.6.4 ACORDO SETORIAL

O acordo setorial é um ato de natureza contratual firmado entre o poder público e fabricantes, importadores, distribuidores ou comerciantes, visando a implantação da responsabilidade compartilhada, com cada ator da cadeia produtiva do ciclo de vida do produto.

De acordo com o Sistema Nacional de Informações Sobre a Gestão dos Resíduos Sólidos (Sinir), há em vigor, no mínimo, três acordos setoriais:

- Embalagens plásticas de óleo lubrificante;
- Lâmpadas fluorescentes de vapor de sódio e mercúrio e de luz mista; e
- Embalagens em geral.

4.6.5 LOGÍSTICA REVERSA

A logística reversa se caracteriza por um conjunto de ações, procedimentos e meios destinados a viabilizar a coleta e a restituição dos resíduos sólidos ao setor empresarial, para reaproveitamento, em seu ciclo ou em outros ciclos produtivos, ou outra destinação final ambientalmente adequada.

Figura 4.5 Logística de produção e consumo *versus* logística reversa.

Vídeo sobre logística reversa:

http://livro.link/res24

A logística reversa é obrigação dos fabricantes, importadores, distribuidores e comerciantes de determinados tipos de produtos, em geral resíduos perigosos (como pneus, pilhas e baterias, lâmpadas fluorescentes etc.), de estruturar sistemas que retornem esses produtos ao setor empresarial, para que sejam reinseridos no ciclo produtivo ou para outra destinação ambientalmente adequada.

Os sistemas de logística reversa serão implementados e operacionalizados pelos instrumentos: regulamento expedido pelo Poder Público, Acordos Setoriais e Termo de Compromisso. Antes mesmo da PNRS, alguns setores, como os de Pneus e Agrotóxicos, já tinham instaurado em sua cadeia produtiva a logística reversa, que funciona muito bem. Alguns setores, mesmo sem acordo, tem processos já em funcionamento e, pela política, em princípio, os fabricantes, importadores, distribuidores e comerciantes abaixo já devem realizar a logística reversa.

Na logística reversa relativa aos resíduos sólidos, existem empresas que se propõem, por meio de programas e aplicativos, a monitorar a geração de resíduos, acionar a operação logística e acompanhar a destinação final ambientalmente correta. Elas garantem a eficiência, a confiabilidade do processo e a certeza de que o resíduo será destinado com total adequação às melhores práticas e normas ambientais.

Acordos de logística reversa foram firmados, até julho de 2020, nos seguintes segmentos:

- Embalagens e Agrotóxicos;
- Óleo lubrificante usado ou contaminado (Oluc);
- Embalagens plásticas de óleos lubrificantes;
- Pilhas e baterias;

- Pneus;
- Lâmpadas fluorescentes de vapor de sódio e mercúrio e de luz mista;
- Embalagens em geral;
- Embalagens de aço; e
- Eletroeletrônicos de uso doméstico.

Os consumidores de um celular se tornam corresponsáveis no processo de logística reversa. Depois que o celular não funcionar mais e precisar ser descartado, o consumidor final deverá depositá-lo em local apropriado e designado pelo fabricante ou comerciante, para que esse resíduo retorne à cadeia de produção e tenha um destino ambientalmente adequado.

4.6.6 RESPONSABILIDADE COMPARTILHADA

Responsabilidade compartilhada pelo ciclo de vida dos produtos é o conjunto de atribuições individualizadas e encadeadas dos fabricantes, importadores, distribuidores e comerciantes, dos consumidores e dos titulares dos serviços públicos de limpeza urbana e de manejo dos resíduos sólidos. Com o advento da (PNRS) e da logística reversa, a responsabilidade pelo gerenciamento de resíduos passou a ser compartilhada entre os geradores e o poder público, bem como os fabricantes, distribuidores e importadores de produtos que produzem resíduos.

4.6.7 TERMO DE COMPROMISSO

O Poder Público poderá celebrar Termos de Compromisso com fabricantes, importadores, distribuidores ou comerciantes visando o estabelecimento de um sistema de logística reversa, conforme Anexo.

CAPÍTULO 5

Caracterização e classificação dos resíduos sólidos e rejeitos

5.1 CARACTERIZAÇÃO DOS RESÍDUOS SÓLIDOS

Resíduos sólidos são definidos como: material, substância, objeto ou bem descartado resultante de atividades humanas em sociedade, a cuja destinação final se procede, se propõe proceder ou se está obrigado a proceder, nos estados sólios ou semissólidos, bem como gases contidos em recipientes e líquidos cujas particularidades tornem inviável seu lançamento na rede pública de esgotos ou em corpos d'água, ou exijam, para isso, soluções técnicas ou economicamente inviáveis em face da melhor tecnologia disponível (de acordo com a Lei n. 12.305/2010).

Quadro 5.1 Estado físico dos resíduos sólidos

Estado físico	Resíduos sólidos
Sólido	Domiciliares, lâmpadas fluorescentes, pilhas, pneus, eletroeletrônicos, cavacos, serragem, raspas de couro, poliméricos, cerâmicos, cascas e fibras vegetais, penas e carcaças de animais, papel, celulose, concreto, tijolo, madeira.
Semissólido	Lodos de estações de tratamento de água e de esgoto, lodos provenientes de corte industrial, lodos de lavadores de gases, graxas.

(*continua*)

Quadro 5.1 Estado físico dos resíduos sólidos (*continuação*)

Estado físico	Resíduos sólidos
Líquido	Tintas, vernizes, óleos.
Gasoso (contido em recipiente)	Recipientes aerossóis, extintores de incêndio, contidos em geladeiras, aparelhos de ar-condicionado, freezers.

Fonte: Córdoba (2014) *apud* Schalch (2019).

Observação:

Tempo para degradação de resíduos:

- Vidro – 1 milhão de anos;
- Lata de alumínio – 80 a 100 anos;
- Pneu – tempo indeterminado;
- Aço – de 200 a 100 anos;
- Embalagem PET – mais de 100 anos; e
- Sacos e sacolas plásticas – mais de 450 anos.

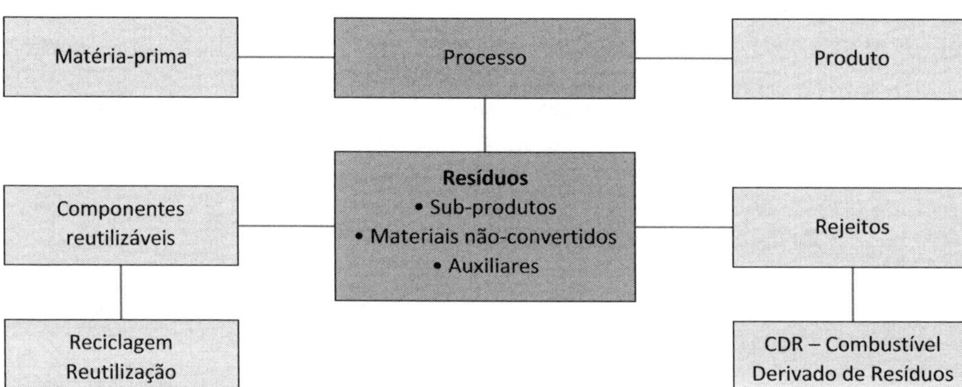

Figura 5.1 Resíduos e rejeitos.

Fonte: adaptada de Salmeron Ambiental.

5.2 REJEITOS

Vídeo sobre rejeitos:

http://livro.link/res25

Rejeitos são resíduos sólidos que, depois de esgotadas todas as possibilidades de tratamento e recuperação por processos tecnológicos disponíveis e economicamente viáveis, não apresentam outra possibilidade que não a disposição final ambientalmente adequada. Exemplo: fraldas descartáveis, absorventes femininos, papel higiênico etc.

Figura 5.2 Rejeitos radioativos e industriais.

Fonte: iStockphoto.

5.3 CLASSIFICAÇÃO DOS RESÍDUOS SÓLIDOS

Os resíduos sólidos têm sido classificados de cinco maneiras:

1) Quanto à periculosidade;
2) Quanto à origem;
3) Classificação em orgânicos (úmidos) e não orgânicos (secos);
4) Classificação focando nos potenciais impactos ambientais; e
5) Resíduos passíveis de logística reversa.

5.3.1 CLASSIFICAÇÃO QUANTO À PERICULOSIDADE

A NBR 10004/04, acompanhando a ISO 14.001, trata da classificação dos resíduos sólidos quanto aos seus riscos potenciais ao meio ambiente e à saúde pública para que possam ser gerenciados adequadamente. A norma classifica os resíduos em 3 grupos: Resíduos Classe I: Perigosos; Resíduos Classe II A: Não perigosos não inertes; Resíduos Classe II B: Não perigosos inertes.

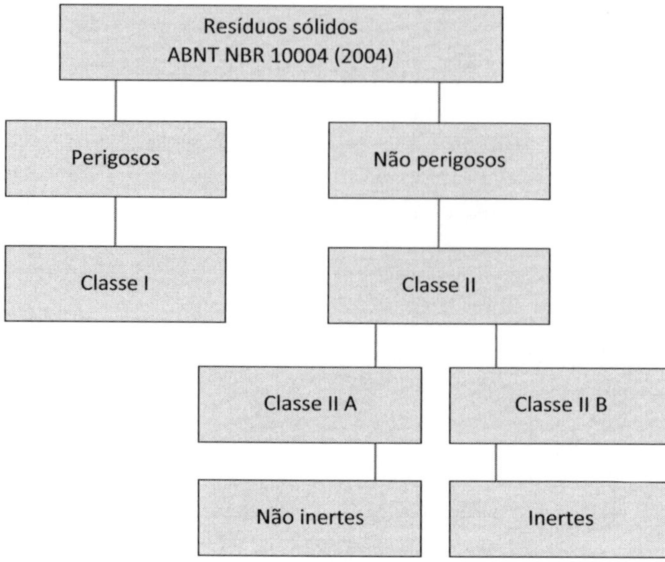

Figura 5.3 Resíduos Sólidos.

Fonte: ABNT NBR 10.004 (2004).

5.3.1.1 Resíduos Classe I – Perigosos

Os resíduos considerados perigosos são aqueles que têm propriedades físicas, químicas, infectocontagiosas, ou ainda, inflamáveis, corrosivos ou patogênicos que podem colocar em risco as pessoas que os manipulam ou que tenham algum outro tipo de contato com o material. Por exemplo: pilhas, pesticidas, resíduos de saúde infectantes, lâmpadas, óleos etc.

Figura 5.4 Resíduos Classe I perigosos.

Fonte: iStockphoto.

Para um que resíduo seja considerado perigoso, ele deve apresentar pelo menos uma das características seguintes: inflamabilidade, corrosividade, toxicidade, reatividade e/ou patogenicidade.

5.3.1.2 Resíduos Classe II A – Não perigosos não inertes

São resíduos que não se apresentam como inflamáveis, corrosivos, tóxicos, patogênicos e nem possuem tendência a sofrer uma reação química. Não se pode dizer que esses resíduos classe II A não trazem perigos aos seres humanos ou ao meio ambiente. São exemplos de resíduos Classe II A (biodegradáveis):

- Conteúdo ruminal;
- Lodo de estação de tratamento de efluentes da indústria alimentícia;
- Produtos alimentícios com data de validade excedida;
- Produtos alimentícios fora do padrão de qualidade;
- Frutas, legumes e outros alimentos apodrecidos;
- Folhagens e resíduos orgânicos de poda, capina ou roçagem;
- Farelos de origem vegetal;
- Bagaço de cana;
- Esterco; e
- Restos de alimentos de refeições.

Resíduos dessa classificação merecem a mesma cautela para destinação final e tratamento que os resíduos de classe I.

Vídeo sobre produtos biodegradáveis:

http://livro.link/res26

5.3.1.3 Resíduos Classe II B – Não perigosos inertes

Os resíduos dessa classificação não têm nenhuma das características dos resíduos de classe I. Se mostram indiferentes ao contato com a água destilada ou deionizada quando expostos à temperatura média dos espaços exteriores dos locais onde foram produzidos.

Exemplos:

- Latas de alumínio;
- Vidro;
- Entulho de construção;
- Pedra e areia;

- Sucatas;
- Madeiras; e
- Isopor.

5.3.2 CLASSIFICAÇÃO QUANTO À ORIGEM

De acordo com a Lei n. 12.305/2010 (PNRS), os resíduos sólidos são caracterizados quanto à origem:

- Domiciliares;
- De limpeza urbana;

Figura 5.5 Limpeza urbana.

Fonte: iStockphoto.

- Sólidos urbanos;
- De estabelecimentos comerciais e de prestadores de serviço;
- Dos serviços públicos de saneamento básico;
- Industriais;
- De serviços de saúde;
- Da construção civil;
- Agropastoris;
- De serviços de transporte; e
- De mineração.

5.3.3 CLASSIFICAÇÃO EM ORGÂNICOS E NÃO ORGÂNICOS

5.3.3.1 Resíduos orgânicos

Nessa categoria, inclui-se grande parte do lixo doméstico, restos de alimentos, folhas, sementes, restos de carne e ossos etc. O chamado lixo orgânico tem origem animal ou vegetal e é também considerado como resíduo úmido.

Quando acumulado ou disposto inadequadamente, o lixo orgânico pode tornar-se altamente poluente do solo, das águas e do ar. A disposição inadequada desses resíduos cria um ambiente propício ao desenvolvimento de organismos patogênicos. O lixo orgânico pode, entretanto, ser objeto de compostagem para a fabricação de adubos ou utilizado para a produção de combustíveis como biogás.

Figura 5.6 Resíduos orgânicos.

Fonte:iStockphoto.

5.3.3.2 Resíduos não orgânicos

Os resíduos não orgânicos, também conhecidos como resíduos secos, são classificados em:

- *Resíduo sólido urbano*: inclui o resíduo doméstico assim como o resíduo produzido em instalações públicas (parques, por exemplo) e em instalações comerciais, bem como restos de construções e demolições;
- *Resíduo industrial*: é gerado pela indústria e pode ser altamente prejudicial ao meio ambiente e à saúde humana;
- *Resíduo hospitalar*: é a classificação dada aos resíduos perigosos produzidos dentro de hospitais, como seringas usadas, aventais etc. Por conter agentes causadores de doenças, esse tipo de lixo é separado do restante dos resíduos produzidos dentro de um hospital (restos de comida etc.) e é geralmente incinerado;

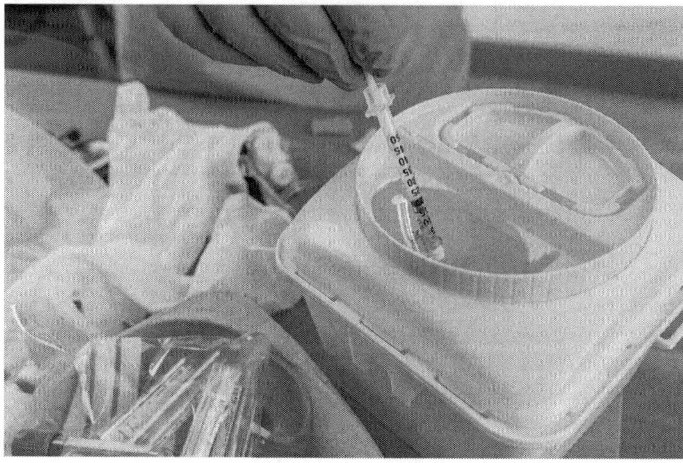

Figura 5.7 Resíduos hospitalares.

Fonte: iStockphoto.

- *Resíduo nuclear*: também chamado de radioativo ou atômico, é composto por produtos altamente radioativos, como restos de combustível nuclear, produtos hospitalares que tiveram contato com radioatividade (aventais, papéis etc.), ou seja, qualquer material que teve exposição prolongada à radioatividade ou que possui algum grau de radioatividade, como o urânio;

Vídeo sobre resíduos nucleares (radioativos ou atômicos):

http://livro.link/res27

- *Resíduos de construção e demolição (RCD)*: são resíduos provenientes de obras civis – construção, reconstrução, ampliação, alteração, conservação e demolição ou derrocada de edificações, assim como o solo e lama de escavações; e

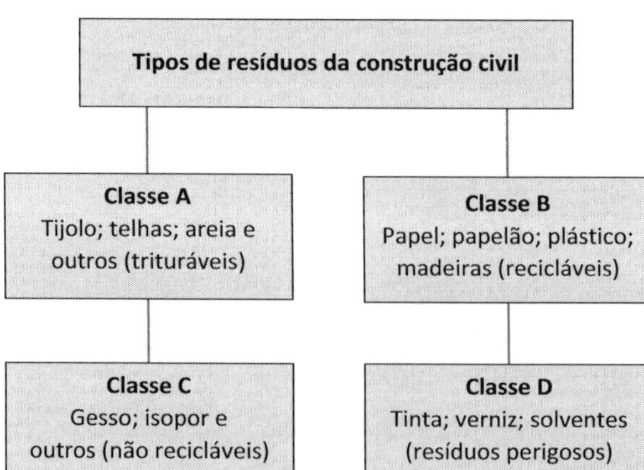

Figura 5.8 Resíduos da construção civil.

- *Resíduos portuários, aeroportuários e de outras áreas alfandegárias.*

Observação:

Todos os resíduos provenientes de outros países podem ser classificados como perigosos, pois são possíveis agentes contaminantes e vetores de doenças endêmicas.

5.3.4 CLASSIFICAÇÃO QUANTO À POTENCIAIS IMPACTOS AMBIENTAIS

Schalch (2019) adota uma classificação dos resíduos sólidos focando nos seus potenciais impactos ambientais. Segundo o autor, os resíduos se classificam nas seguintes distinções:

- *Agrossilvopastoris*: são os resíduos gerados nas atividades agropecuárias e silviculturais, incluídos os relacionados com os insumos utilizados nessa atividade. Nesse grupo, destacam-se as embalagens de agrotóxicos devido à grande geração no Brasil, um dos maiores consumidores do mundo;
- *Cemiteriais*: são resíduos gerados nas atividades realizadas em cemitérios, entre os quais destacam-se enterros, exumações, velórios, visitações, construção, reparo ou manutenção de jazigos;
- *Da construção civil:* É proveniente de edificações e obras de infraestrutura, fornecedores de matéria prima, equipamentos, setores de serviço e outros fornecedores. Esses resíduos geram impactos ambientais durante seus processos;
- *De equipamentos eletroeletrônicos:* Esses resíduos constituem um subproduto da atual evolução tecnológica. São aparelhos, produtos, componentes, acessórios domésticos e profissionais que chegaram ao fim de suas vidas úteis devido à obsolescência, ou mau funcionamento e exaustão, como no caso de pilhas e baterias;
- *De estabelecimentos comerciais e prestadores de serviço:* São definidos como os resíduos gerados nessas atividades exceto os resíduos de limpeza urbana, dos serviços de saneamento básico, dos serviços de saúde, da construção civil e de transportes. Definidos por exclusão, portanto em um espaço nebuloso;
- *De limpeza urbana*: São os resíduos provenientes dos serviços públicos que englobam varrição, capina e poda de árvores em vias públicas, logradouros públicos e outros serviços eventuais. É um elemento indissociável dos serviços de saneamento básico, abastecimento de água potável, esgotamento sanitário e drenagem de águas pluviais urbanas;
- *De mineração:* A mineração consiste num conjunto de processos e atividades industriais que permitem a obtenção de minérios. Nela, devido sua

complexidade, são gerados grandes volumes de resíduos de diferentes origens provenientes da extração, da indústria responsável pela obtenção de minério e constituições (variação mineralógica) e dos produtos empregados durante o tratamento;

- *De serviços de saúde:* São os resíduos gerados na efetivação da assistência médica sanitária. Muitos dos termos são utilizados de forma indiferenciada como resíduo hospitalar, resíduo biológico, resíduo séptico, resíduo infectante, resíduo especial, lixo hospitalar e outras variações;
- *De serviços portuários:* São resíduos originados a partir de atividades de limpeza e de conservação dos ambientes internos e externo das instalações portuárias e das embarcações ou navios. Geram impactos ambientais em proporções significativas;
- *De serviços públicos de saneamento básico*: São os resíduos originados nas atividades de abastecimento de água potável, coleta e tratamento de esgotos sanitários, manutenção e ampliação de redes de água bruta e potável, as de esgotos sanitários e demais equipamentos e estruturas desses serviços;
- *Domiciliares perigosos:* Dentre os resíduos sólidos, existe uma fração de resíduos considerados perigosos, denominados de resíduos domiciliares perigosos (RDP). São aqueles que podem conter alguns componentes perigosos como produtos usados em pinturas (tintas, vernizes e solventes), produtos de limpeza, fungicidas, herbicidas, remédios, inseticidas e outros;
- *Industriais:* A Resolução Conama 313/2002 define resíduo industrial como todo resíduo que resulte de atividades industriais (nos estados sólido, semissólido, gasoso quando contido e líquido) cujas particularidades tornem inviável o seu lançamento na rede pública de esgoto ou corpos d'água, ou exijam para isso soluções técnicas ou economicamente inviáveis em face da melhor tecnologia disponível. Ficam incluídos nessa definição os lodos provenientes de sistemas de tratamento de água e aqueles gerados em equipamentos e instalações de controle da poluição;
- *Lâmpadas fluorescentes:* A PNRS não traz definição específica sobre os resíduos de lâmpadas fluorescentes, destacando apenas as lâmpadas de vapor de sódio e mercúrio e de luz mista, bem como resíduos sujeitos à logística reversa e acordos setoriais;
- *Óleos:* Nesta classificação estão os óleos residuais domésticos, ou simplesmente de cozinha ou de fritura, que são de origem vegetal (soja, milho, canola, girassol), óleos e gorduras hidrogenadas ou de origem animal, e também os óleos lubrificantes, em geral de origem mineral, formulados a partir do petróleo;
- *Pilhas e baterias:* Apresentam em sua composição metais pesados como mercúrio, chumbo, cobre, zinco, cádmio, manganês, lítio e níquel, que são substâncias perigosas à saúde da população e ao meio ambiente por suas características de corrosividade, toxicidade, inflamabilidade e reatividade; e

- *Pneus:* São constituídos de uma mistura complexa de elastômeros, produtos têxteis, negro de fumo, aço e outros materiais. Na *CONAMA 416/2009* são classificados como novo, usado, reformado e inservível. Na Lista Brasileira de Resíduos Sólidos (Instrução Normativa 13/2012 do IBAMA), estão incluídos como resíduos não especificados em outros capítulos.

Figura 5.9 Pneus jogados indiscriminadamente.

Fonte: iStockphoto.

5.3.5 RESÍDUOS PASSÍVEIS DE LOGÍSTICA REVERSA

A PNRS destaca uma divisão composta por resíduos passíveis de logística reversa e que apresentam significativo impacto ambiental:

- Agrotóxicos, seus resíduos e embalagens, assim como outros produtos cuja embalagem, após uso, constitua resíduo perigoso;
- Pilhas e baterias;
- Pneus;
- Óleos lubrificantes, seus resíduos e embalagens;
- Lâmpadas fluorescentes, de vapor de sódio e mercúrio e de luz mista; e
- Produtos eletroeletrônicos e seus componentes.

O Ibama, visando atender à PNRS, publicou a *Lista Brasileira de Resíduos Sólidos* para auxiliar a gestão dos resíduos sólidos no Brasil.

CAPÍTULO 6

Impactos ambientais dos resíduos sólidos e descarte correto de pilhas e baterias

As implicações socioambientais do manejo inadequado dos resíduos sólidos são enormes, dentre elas:

- Transmissão de doenças;
- Poluição do solo;
- Poluição do ar;
- Poluição da água;

Figura 6.1 Córrego poluído.

Fonte: iStockphoto.

- Obstrução das redes de drenagem;
- Enchentes;
- Degradação ambiental; e
- Depreciação imobiliária.

São múltiplas as soluções para que os impactos socioambientais dos resíduos sólidos diminuam. A concepção e o aperfeiçoamento de aterros sanitários é apenas um exemplo de uma solução que pode dar certo se utilizada de forma legal, respeitando os princípios básicos para que os resíduos não interfiram no ecossistema e nas pessoas.

6.1 IMPACTOS DOS RESÍDUOS DE EQUIPAMENTOS ELETROELETRÔNICOS

Entre os resíduos sólidos urbanos há um tipo específico que merece atenção: os resíduos de equipamentos elétricos e eletrônicos (REEE) ao fim de seu ciclo de vida, como televisores, rádios, telefones celulares, eletrodomésticos portáteis, todos equipamentos de microinformática, vídeos, filmadoras, ferramentas elétricas, DVDs, lâmpadas fluorescentes e brinquedos eletrônicos.

Figura 6.2 Equipamentos eletroeletrônicos antigos.

Fonte: iStockphoto.

Esses equipamentos são concebidos para facilitar a vida moderna e são praticamente descartáveis uma vez que ficam tecnologicamente ultrapassados em prazos de tempo cada vez mais curtos ou então devido à inviabilidade econômica de conserto, em comparação com aparelhos novos.

A curta vida útil dos equipamentos de informática resulta em montanhas de resíduos. Esses resíduos normalmente não são reciclados, e são despejados em grandes depósitos de lixo trazendo risco à saúde das populações que vivem nas proximidades.

Vídeo sobre resíduos de equipamentos eletroeletrônicos:

http://livro.link/res28

Figura 6.3 Descarte incorreto de REEE (E-lixo).

Fonte: iStockphoto.

Observar:

Para a fabricação de cada microcomputador, são necessários dez vezes o seu peso em produtos químicos e combustíveis fósseis, afirma estudo preparado pela Organização das Nações Unidas (ONU).

6.1.1 RISCOS ENVOLVIDOS

As indústrias de alta tecnologia têm reputação inicial relativamente "limpa", porém seus resíduos de equipamentos eletroeletrônicos contêm, em sua maioria, substâncias perigosas. O não aproveitamento de seus resíduos representa, além de um desperdício de recursos naturais não renováveis, um problema para sua disposição.

O processo de reciclagem desses produtos é complexo e requer a utilização de tecnologias avançadas, devido à diversidade de materiais de sua composição e à periculosidade das substâncias tóxicas.

6.2 IMPACTOS DOS METAIS PESADOS

Entre os males provocados pela contaminação com metais pesados (principalmente mercúrio, chumbo e cádmio) está o câncer e mutações genéticas.

6.2.1 MERCÚRIO

O mercúrio é utilizado em termostatos, sensores, relês e interruptores (exemplo: placas de circuitos impressos e em equipamentos de medição e lâmpadas de descarga) equipamentos médicos, transmissão de dados, telecomunicações e telefones celulares.

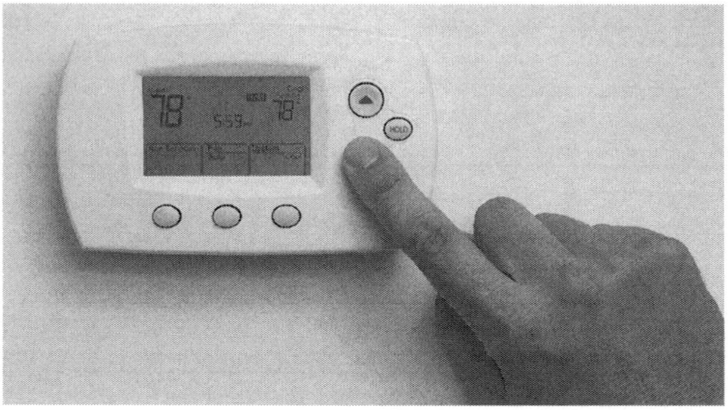

Figura 6.4 Os termostatos contêm mercúrio.

Fonte: iStockphoto.

Só na União Europeia são utilizadas 300 toneladas de mercúrio em sensores de presença. Estima-se que aproximadamente 20% do mercúrio consumido anualmente seja utilizado em equipamentos elétricos e eletrônicos.

Os efeitos tóxicos do mercúrio incluem danos ao cérebro, rins e pulmões. Seu envenenamento pode resultar em várias doenças, incluindo acrodinia (doença rosa), a síndrome de Hunter e a doença de Minamata. Os sintomas dependem da forma de exposição e do derivado.

6.2.2 CHUMBO

O chumbo é utilizado em soldagem de placas de circuitos impressos, vidro dos tubos de raios catódicos, solda e vidro das lâmpadas elétricas e fluorescentes.

A contaminação por chumbo pode causar doenças severas e levar à morte. Em humanos, a acumulação de chumbo no organismo pode afetar severamente as funções cerebrais, sangue, rins, sistema digestivo e reprodutor, inclusive com possibilidade de produzir mutações genéticas em descendentes.

Figura 6.5 O chumbo é utilizado na soldagem de circuitos.

Fonte: iStockphoto.

6.2.3 CÁDMIO

Utilizado em placas de circuitos impressos, o cádmio está presente em determinados componentes como chips SMD, semicondutores e detectores de infravermelho. Os tubos de raios catódicos, mais antigos, contêm cádmio. Além disso, o cádmio tem sido utilizado como estabilizador em PVC.

Vídeo sobre impactos dos metais pesados:

http://livro.link/res29

Figura 6.6 Cádmio, presente nos circuitos impressos.

Fonte: iStockphoto.

O cádmio é considerado carcinogênico e seu acúmulo no organismo acarreta vários problemas de saúde, como desenvolvimento de hipertensão e doenças do coração. Efeitos mais graves são decorrentes da alta concentração de cádmio, como a destruição do tecido testicular e das hemácias sanguíneas.

6.2.4 OUTROS IMPACTANTES

Cromo: pequenas quantidades de cromo ingeridas por via oral não são prejudiciais.

Arsénio: O contato com arsênio pode provocar conjuntivite, hiperqueratose, hiperpigmentação, doenças cardiovasculares, distúrbios no sistema nervoso central e vascular periférico, câncer de pele e gangrena nos membros.

Cobalto: As reações alérgicas ao cobalto podem incluir a dermatite de contato alérgica.

Gases de efeito estufa: Provocados por substâncias halogenadas, como os clorofluorocarbonetos, bifenilas policloradas (PCBs), cloreto de polivinila (PVC), retardadores de chama bromados, bem como o amianto e o arsênio 8. São prejudiciais ao meio ambiente.

6.2.5 DEPOSIÇÃO DE RESÍDUOS DE REEE

Verificam-se efeitos ambientais negativos durante a deposição desses resíduos de forma incorreta. É possível minimizar os impactos significativos dos REEE se depositados de forma a respeitar as normas técnicas ambientalmente corretas. Os impactos ambientais são consideravelmente maiores quando os REEE são depositados em lixões (aterros não controlados), pois os lixiviados contaminados penetram diretamente no solo e nas águas subterrâneas e superficiais.

6.3 IMPACTOS DOS RESÍDUOS DA LIMPEZA URBANA

A disposição inadequada dos resíduos da limpeza urbana em terrenos, vias públicas e sistemas de drenagem pode provocar uma série de problemas, pois permite que eles se misturem a outros resíduos ali existentes e interajam química e biologicamente com estes, podendo causar impactos na qualidade do ar, do solo e da água.

Os serviços de limpeza urbana contribuem de forma significativa para evitar ou mitigar a proliferação de transmissores de doenças, como insetos e roedores, a poluição do solo e dos corpos d'água que atravessam áreas urbanas além da obstrução de sistemas de drenagem.

6.4 IMPACTOS DOS RESÍDUOS INDUSTRIAIS

Os resíduos industriais, dadas suas características de periculosidade, podem causar diversos impactos ao meio ambiente e à saúde humana, tanto na própria indústria quanto fora dela. Os trabalhadores podem estar sujeitos à exposição a substâncias perigosas por contato com a pele, inalação ou ingestão caso os resíduos não estejam adequadamente acondicionados e identificados.

Durante o manuseio, os trabalhadores devem utilizar adequadamente os equipamentos de proteção individual ou coletivos conforme a classe de risco do resíduo. Quando houver transporte de material perigoso, o veículo deve ter os equipamentos de segurança adequados para uso em caso de acidente. O motorista deve ser habilitado a conduzir cargas perigosas e capacitado a agir em situações de emergência.

6.5 IMPACTOS DOS RESÍDUOS DA CONSTRUÇÃO CIVIL

Os resíduos da construção civil, tanto na geração como no manejo, podem causar impactos:

- Na saúde, segurança e no bem-estar da população;
- Nas atividades sociais e econômicas;
- Na biota;
- Nas condições estéticas e sanitárias do meio ambiente; e
- Na qualidade dos recursos ambientais.

A principal causa de impactos negativos no meio urbano resulta dos descartes em áreas impróprias (terrenos baldios, córregos, vias públicas de pequena circulação, áreas não licenciadas e até em áreas de preservação permanente). Essas ações inadequadas potencializam a proliferação de vetores e potencializam suas periculosidades.

6.6 IMPACTOS DOS RESÍDUOS AGROPASTORIS

Os resíduos das atividades agropastoris, principalmente os chamados agrotóxicos, podem causar efeitos na saúde humana e animal, podendo provocar uma série de problemas de saúde considerados reações agudas com efeitos imediatos ou crônicos.

A contaminação pode ocorrer por meio das vias respiratórias, do sistema digestivo ou por contato com a pele.

Os impactos, por fontes difusas ou pontuais, podem ser:

- Diretos ou indiretos;
- Locais, regionais e/ou globais;
- Imediato, de médio ou longo prazo;
- Temporários, cíclicos, permanentes e reversíveis ou irreversíveis.

Figura 6.7 Aplicação de insumos agropastoris.

Fonte: iStockphoto.

6.7 IMPACTOS DOS RESÍDUOS DE MINERAÇÃO

Os resíduos de mineração (estéreis, rejeitos e escórias), oriundos de processos de extração, beneficiamento ou fundição de minérios metálicos, podem conter metais potencialmente tóxicos (chumbo, zinco, cádmio, arsênio, cobre, entre outros) que, em concentrações elevadas, podem contaminar o meio ambiente por metais potencialmente tóxicos. Em áreas de mineração e fundição, é comum a contaminação do solo por chumbo, zinco e cádmio. No Brasil, a contaminação das águas e dos solos é muito comum.

Um impacto ambiental negativo ligado à mineração é a formação do chamado DAM, solução aquosa e ácida gerada quando minerais sulfetados são oxidados com a presença de água. O pH dessas soluções varia entre 2 e 4, age produzindo percolado rico em metais dissolvidos e ácido sulfúrico.

6.8 IMPACTOS DOS RESÍDUOS DE LÂMPADAS FLUORESCENTES

As lâmpadas fluorescentes têm uso disseminado na sociedade moderna. Entre seus componentes, estão vidro, alumínio, mercúrio, fósforo, antimônio, estrôncio, tungstênio, argônio, índio, bário ítrio e chumbo, ou seja, substâncias possíveis de contaminação ambiental e potencialmente danosas à saúde pública.

6.9 IMPACTOS DOS PNEUS

Os impactos ambientais dos pneus podem ser originados no próprio processamento dos resíduos, da queima e até da simples disposição no meio. O descarte de pneus em corpos d´água causa seu assoreamento.

Caso sejam abandonados em terrenos baldios ou lixões, ou mesmo armazenados empilhados ao ar livre, podem constituir ambiente propício para a criação de insetos e roedores. O próprio transporte de pneus contendo água em seu interior é um facilitador da transmissão de doenças. A queima do pneu é outro fator de efeitos negativos ao meio ambiente.

6.10 IMPACTOS DE PILHAS E BATERIAS

A maioria das pilhas e baterias contêm metais (chumbo, mercúrio e cádmio principalmente) que podem causar riscos à saúde e ao meio ambiente. Quando são descartadas, podem sofrer deformações nas cápsulas que as envolvem, deixando vazar o líquido tóxico de seus interiores. Esse líquido se acumula na natureza e representa o lixo não biodegradável, ou seja, não é consumido com o passar dos anos. Essa contaminação envolve o solo e lençóis freáticos, prejudicando a agricultura e a qualidade da água.

São utilizados também outros metais (lítio, manganês, cobre, zinco e cobalto) que também podem ter efeitos danosos à saúde e ao meio ambiente. A presença dos resíduos dos metais, relacionados anteriormente, afetam o sistema nervoso central, fígado, rins, pulmões, além de serem bioacumulativos. Alguns são teratogênicos ou podem causar mutações genéticas e câncer.

Quando as pilhas e baterias são misturadas aos resíduos orgânicos, elas afetam a qualidade do produto obtido na compostagem.

Já a queima de pilhas e baterias produz resíduos tóxicos em suas cinzas e escórias e parte pode volatizar, contaminando o meio ambiente.

Vídeo sobre impacto ambiental de pilhas e baterias:

http://livro.link/res30

6.11 DESCARTE CORRETO DE PILHAS E BATERIAS

Na composição de pilhas e baterias de uso doméstico, são encontrados metais pesados, como mercúrio, chumbo e cádmio, que são extremamente perigosos à saúde humana e apresentam um grande perigo quando descartados incorretamente.

As pilhas e baterias são prejudiciais à segurança e saúde do meio ambiente. Justamente por serem biocumulativas é que surgiu a necessidade do descarte correto de pilhas e baterias usadas .

Para fazer o descarte correto de pilhas e baterias, deve-se proceder da seguinte maneira:

1) Não as misturar com outros materiais;

2) Embalá-las em plástico resistente para evitar contato com umidade e vazamentos;

3) Consultar quais são os pontos de recolhimento mais próximos ou convenientes; e

4) Fazer o descarte num ponto de recolhimento.

Figura 6.8 Ponto de recolhimento de pilhas e baterias.

Fonte: acervo do autor.

Observação:

1) A legislação brasileira obriga as empresas fabricantes, distribuidores e vendedores a estruturar e implementar o sistema de logística reversa; e

2) O consumidor também é responsável pelo descarte correto.

CAPÍTULO 7

Os 3 Rs da sustentabilidade e reciclagem de resíduos sólidos

7.1 OS 3 RS

Vídeo sobre os 3 Rs da sustentabilidade:

http://livro.link/res31

Conhecidos como os *3 Rs* da sustentabilidade (Reduzir, Reutilizar e Reciclar), são ações práticas que visam estabelecer uma relação mais harmônica entre consumidor e meio ambiente.

Os 3 Rs da sustentabilidade devem ser enfrentados na seguinte ordem de importância:

- O primeiro passo é tentar reduzir ao máximo;
- Em seguida, a reutilização de um produto deve ser empregada sempre que possível; e
- Por último, podemos empregar a reciclagem.

Os 3 Rs fazem parte também de um processo educativo que tem o objetivo de modificar os hábitos da sociedade no que diz respeito ao consumo exagerado e ao desperdício. Em termos básicos, os 3 Rs podem ser definidos da seguinte maneira:

Reduzir: consiste em evitar o consumo desnecessário de produtos, a fim de diminuir a quantidade de lixo gerado pela população.

Reutilizar: é dar nova utilidade a materiais que, na maioria das vezes, consideramos inúteis e que serão jogados no lixo.

Reciclar: é recuperar matéria-prima a partir do "lixo" para fabricar novos produtos, seja o lixo industrial, agrícola ou artesanal.

7.1.1 REDUZIR

Reduzir consiste em diminuir o consumo de bens e serviços. Isso significa que, ao fazermos nossas compras, devemos adquirir apenas produtos que são realmente necessários, eliminando a aquisição de bens supérfluos. Essa regra vale para todos os tipos de produtos (sacolas plásticas, alimentos, roupas, eletrodomésticos, eletrônicos, brinquedos etc.).

Além disso, devemos reduzir também o consumo de água, energia e combustíveis. Ao reduzir, estamos poupando os recursos naturais, combatendo o desperdício e diminuindo a geração de lixo e a consequente poluição ambiental. O consumo consciente é importante não só para o bom funcionamento das finanças domésticas como também para o meio ambiente.

Ações práticas para reduzir:

- Uso racional da água: não desperdiçar, tomar banhos curtos, não usar água para lavar a calçada, fechar a torneira quando estiver escovando os dentes, não deixar que ocorram vazamentos na rede de água etc.;
- Economia de energia: usar aquecimento solar nas casas, apagar as lâmpadas de cômodos desocupados, usar lâmpadas de LED, usar o chuveiro elétrico para banhos curtos etc.;
- Economia de combustíveis: fazer percursos curtos a pé ou de bicicleta; e
- Aproveitamento de água de chuva em usos não potáveis.

7.1.2 REUTILIZAR

Reutilizar um produto significa aplicá-lo novamente na mesma função ou em diversas outras possibilidades de uso, prolongando a vida útil desse produto.

Por exemplo, podemos transformar potes e garrafas de plásticos em vasos para plantas ou em peças decorativas. O objeto que não é mais útil para alguém pode ser doado à outra pessoa, papéis usados podem ser transformados em blocos de rascunho e a água utilizada na lavagem de roupas pode ser aplicada para dar descarga nos vasos sanitários e na lavagem de quintais ou outros ambientes.

Quando reutilizamos, evitamos o descarte de um material e a compra de um novo produto. Portanto, essa prática reduz a quantidade de matéria-prima, água e energia necessária à fabricação de novos bens de consumo e diminui a poluição.

Ao jogarmos algo no lixo, estamos também descartando a energia que foi usada na fabricação, o combustível usado no transporte e a matéria prima empregada. Sem contar que, se esse objeto não for descartado de forma correta, poderá poluir o meio ambiente. Vale lembrar que a doação também pode ser uma boa alternativa, pois outra pessoa que necessita pode utilizar aquele objeto que você não quer mais.

Figura 7.1 Reutilização de garrafa PET, rolo de papel higiênico e lata de alumínio.

Fonte: iStockphoto.

Ações práticas para reutilizar:

- Uma roupa rasgada pode ser costurada ou ser transformada em outra peça (uma calça pode virar uma bermuda, por exemplo);
- Computadores, impressoras e monitores podem ser doados para entidades sociais que vão utilizá-los com pessoas carentes;
- Folhas de papel com impressão em apenas um lado podem ser transformadas em papel de rascunho, ao usar o lado em branco; e
- A água usada para lavar roupa pode ser reutilizada para lavar o quintal.

7.1.3 RECICLAR

Reciclar, ou *reciclagem*, é um processo de transformação de algo usado em algo totalmente novo. Ou seja, materiais que seriam descartados são reinseridos no ciclo produtivo e utilizados como matéria-prima para a fabricação de novos produtos.

Vídeo sobre reciclagem:

http://livro.link/res32

Diversos materiais podem ser reciclados (papéis, plásticos, vidros, metais, pneus) e a separação do lixo é fundamental para que todo o processo de reciclagem aconteça. Por isso devemos separar o material reciclável do não reciclável. Os recicláveis deverão ser encaminhados para empresas ou cooperativas especializadas.

A reciclagem contribui para a geração de emprego e renda, prolonga a vida útil dos aterros sanitários e auxilia na preservação dos recursos naturais, embora seja um processo que consuma recursos.

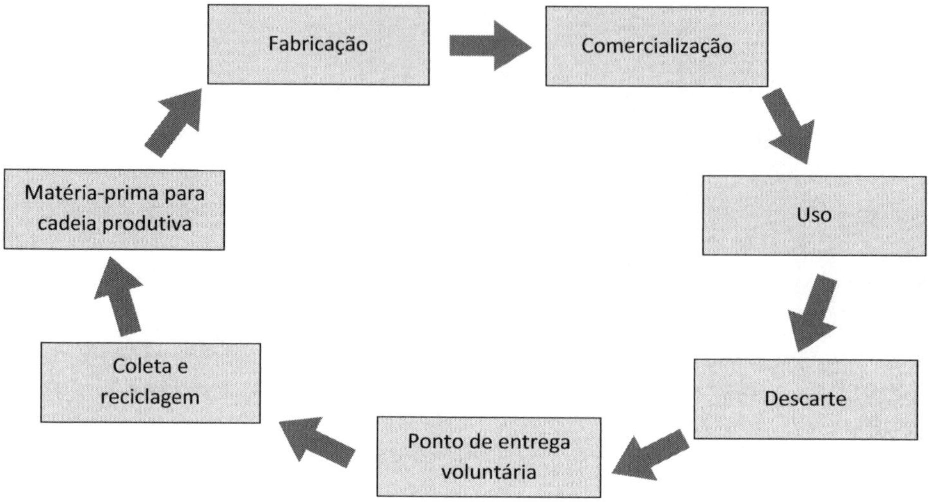

Figura 7.2 Ciclo de fabricação e de reciclagem.

Fonte: adaptada de Green Eletron.

Vantagens da reciclagem:

- Redução da acumulação progressiva de resíduos;
- Reaproveitamento dos materiais com geração de empregos;
- Utilização racional dos recursos naturais;
- Diminuição da poluição da água, do solo e do ar; e
- Responsabilidade social e ambiental.

Observação:

- Cada 50 kg de papel reciclado evita que uma árvore seja cortada; e
- Para cada tonelada de papel reutilizado cerca de 20 árvores são poupadas.

Em sentido estrito, a reciclagem de um material produziria um material idêntico ao inicial. Por exemplo, papel de escritório usado seria convertido em novo papel de escritório, ou espuma de poliestireno em novo poliestireno. No entanto, isso é geralmente complexo ou mais caro quando comparado com a produção de raiz do mesmo material, uma vez que a reciclagem de muitos produtos ou materiais implica a sua reutilização na produção de materiais diferentes; por exemplo, o papel pode ser convertido em cartão.

Cada tipo de resíduo tem um processo próprio de reciclagem. Por exemplo, o processo de reciclagem do papelão é diferente do processo do vidro, do alumínio e de outros materiais.

Os resíduos com características similares devem ser selecionados pelo gerador (que pode ser o cidadão, uma empresa ou outra instituição) e disponibilizados para a coleta separadamente, visando o reaproveitamento dos materiais. Esse processo permite reduzir o consumo de matérias-primas, de utilização de energia e a poluição do ar e da água, ao reduzir também a necessidade de tratamento convencional de lixo e a emissão de gases do efeito estufa.

Os resíduos recicláveis secos são compostos, principalmente, por metais (como aço e alumínio), papel, papelão, embalagem cartonada (longa vida/tetrapak), diferentes tipos de plásticos, isopor e vidro.

A sequência para que os materiais sejam reciclados é a seguinte: primeiramente, eles são transportados para um centro de reciclagem ou recolhidos porta a porta. Então, eles são separados, limpos e reprocessados.

Observação:

Outra forma de reciclagem é a separação e recolha de materiais a partir de produtos complexos, seja devido ao seu valor monetário (por exemplo, chumbo de baterias automóveis e ouro de computadores) ou devido à sua natureza nociva (por exemplo, remoção de mercúrio de vários produtos).

7.2 MATERIAIS RECICLÁVEIS E NÃO RECICLÁVEIS

Podem ser divididos em papéis, plásticos, metais e vidros, conforme o Quadro 7.1. O isopor vem sendo reciclado em diversas localidades do país (ver item 7.12).

Quadro 7.1 Lista de materiais recicláveis e não recicláveis

Reciclável	Não reciclável
PAPÉIS	
Jornais e revistas	Papéis carbono, celofane e fotográfico
Papéis para rascunho, para computador e fax e aparas de papel	Papel higiênico e guardanapos usados
Listas telefônicas	Fita crepe
Fotocópias e envelopes	Etiquetas adesivas
Papelão e folhas de caderno	Papéis plastificados e parafinados
Cartazes	Bitucas de cigarro

(*continua*)

Quadro 7.1 Lista de materiais recicláveis e não recicláveis (*continuação*)

Reciclável	Não reciclável
PLÁSTICOS	
Copos, sacos, sacolas, talheres e potes	Acrílicos e adesivos
Canos, tampas e tubos de plástico	Embalagens metalizadas
Embalagens de plásticos e tipo PET	Cabos em geral
METAIS	
Latas e tampas de garrafas	Clipes e grampos
Panelas e pratos	Embalagens de aerossóis
Fios condutores, ferragens, canos e ferramentas	Esponjas de aço
Arames, chapas, pregos e parafusos	Latas de tintas, de inseticidas, verniz e de produtos químicos
VIDROS	
Copos, garrafas e embalagens	Espelhos, óculos e pirex
Potes de conservas	Louças e porcelanas
Frascos de remédios	Boxes temperados
Cacos desses produtos	Vidros especiais

7.3 RECICLAGEM NO BRASIL

O processo de reciclagem no Brasil remonta a mais de 100 anos, uma vez que as primeiras indústrias a reutilizarem a matéria prima foram as indústrias de celulose. Com o passar do tempo, o conceito foi se expandindo e hoje a reciclagem é um tema que faz parte da consciência ambiental e cidadã.

7.3.1 EXEMPLO DE SUCESSO NA RECICLAGEM: PNEUS

Em 2007, as empresas brasileiras de pneus criaram uma empresa que acabou sendo considerada uma das maiores iniciativas brasileiras na área de reciclagem. Os pneus inaproveitáveis coletados pelo projeto (em 2017, havia 1053 postos de coleta em todo o Brasil) apresentam quatro principais formas de destinação:

- *Coprocessamento*: utilizados em substituição ao coque de petróleo como combustível alternativo em fornos de cimenteira;
- *Artefatos de borracha*: é possível dar uma segunda destinação para a borracha dos pneus. Tapetes para automóveis, pisos industriais e pisos para quadras poliesportivas são alguns exemplos;
- *Asfalto-borracha*: consiste na adição à massa asfáltica de pó de borracha da trituração de pneus. Esse asfalto tem uma vida útil maior, gera menos ruído e oferece mais segurança aos usuários das rodovias; e
- *Laminação*: fabricação de percintas (cintas largas) para indústrias moveleiras, solas de calçado, dutos de águas pluviais e outros.

O sucesso do projeto foi tão grande que, em 2016, o *Relatório de Pneumáticos do Ibama* (IBAMA, 2016) mostrou que a meta de destinação correta de pneus foi superada em mais de 100%. Ao todo, naquele ano, 457.533 toneladas de pneus inservíveis foram descartadas e destinadas de forma ambientalmente correta.

7.4 RECICLAGEM DE RESÍDUOS DA CONSTRUÇÃO CIVIL

Grandes obras como as de edifícios, pontes, estradas, estádios de futebol, barragens, entre outras, promovem a geração de resíduos da construção civil (RCC), que pode alcançar proporções astronômicas, tanto em peso como em volume. Uma boa parte desse montante tem destinação final inadequada, já que se tornou rotina ver os RCC dispostos em mananciais, terrenos baldios, depósitos clandestinos etc. Os RCC se englobam nos seguintes tipos:

- De construção, demolição, reformas e reparos de pavimentação e de outras obras de infraestrutura, inclusive solos provenientes de terraplanagem;
- De construção, demolição, reformas e reparos de edificações, componentes cerâmicos (tijolos, blocos, telhas, placas de revestimento etc.), argamassa e concreto; e
- De processo de fabricação e/ou demolição de peças pré-moldadas em concreto (blocos, tubos, meios-fios etc.) produzidas nos canteiros de obras.

As soluções tecnológicas para a reciclagem de RCC variam em função do tipo de resíduo a ser tratado.

A reciclagem desses resíduos obedece a sequência:

- Após a coleta seletiva, os resíduos passam por um processo de trituração. As frações se encontram misturadas e os resíduos têm pouco valor agregado;

Vídeo sobre reciclagem de resíduos da construção civil:

http://livro.link/res33

- Após a granulagem, ou seja, a separação das frações, é que se pode dar uma destinação adequada aos novos materiais;
- De acordo com o tamanho da fração, os resíduos serão classificados em areia, brita, pedrisco, bica corrida e outros; e
- Em seguida, poderão ser comercializados como matéria prima secundária.

Figura 7.3 Resíduos de construção civil.

Fonte: iStockphoto.

7.4.1 TIPOS DE USINAS DE RECICLAGEM DE RESÍDUOS SÓLIDOS DA CONSTRUÇÃO CIVIL

As usinas de reciclagem de RCC podem ser divididas em duas categorias de acordo com a sua mobilidade: fixas e móveis.

7.4.1.1 Usinas fixas

Usinas fixas são construídas em um terreno com uma área que varia em função da capacidade de processamento da usina. Elas precisam de um local preparado para sua instalação, que, até o momento de operação, leva em torno de 30 dias. Essas usinas são as versões economicamente mais acessíveis do mercado, contudo as mais limitadas em se tratando de competitividade comercial.

Figura 7.4 Usina fixa de reciclagem de entulhos.

Fonte: iStockphoto.

7.4.1.2 Usinas móveis

Uma usina móvel é composta basicamente por três componentes:

- Um caminhão do tipo *rollon-roll off*;
- Uma britadeira móvel; e
- Uma peneira rotativa móvel atracada no caminhão.

Figura 7.5 Usina móvel de reciclagem de resíduos da construção civil.

As usinas móveis são construídas em um único bloco, normalmente com o tamanho variando desde um container de 20″ a 40″, de acordo com sua capacidade de processamento.

A grande vantagem desse modelo é que o empreendimento se locomove para regiões onde seu serviço se faça necessário. Ele pode ser utilizado em um empreendimento fixo, bem como ser alugado para obras em diferentes locais .

Vantagens das usinas móveis:

- Sua mobilidade torna o empreendimento extremamente competitivo;
- Pode atuar em um ponto fixo ou atender grandes obras diretamente no local;
- Diminui custos de logística e construção de fundamento de base;
- Alta capacidade de adaptação geográfica do mercado;
- Versões a diesel ou energia elétrica;
- Pode ser locada completamente por empresas do setor; e
- Alta capacidade de processamento.

7.5 RECICLAGEM DE ELETROELETRÔNICOS

O barateamento dos produtos tecnológicos e os processos de urbanização e de industrialização, pelo qual passam muitos países emergentes, leva ao crescimento constante da quantidade de resíduos de equipamentos eletroeletrônicos (REEE) que geramos. Equipamentos obsoletos ou no final de seus ciclos de vida, se não tratados adequadamente, representam consideráveis riscos à saúde humana e ao meio ambiente.

É importante observar que:

- A maioria dos resíduos de equipamentos eletroeletrônicos que geramos atualmente não é reciclada ou processada da maneira correta e acaba sendo destinada a aterros sanitários ou lixões a céu aberto;
- Esse processo, além de potencialmente danoso ao planeta, é um desperdício de recursos e materiais escassos e valiosos contidos no interior desses aparelhos; e
- Apenas no ano de 2016 foram geradas, globalmente, a impressionante quantia de 44,7 milhões de toneladas de resíduo eletroeletrônico. O Brasil foi responsável por 3,36% dessa quantia (1,5 milhões de toneladas) e está atrás apenas dos EUA (6,3 milhões de toneladas) no ranking dos maiores geradores de resíduos eletroeletrônicos das Américas.

Vídeo sobre reciclagem de resíduos de eletroeletrônicos:

http://livro.link/res34

Esses dados foram apresentados no *Global E-waste Monitor 2017*, relatório desenvolvido por meio de um esforço colaborativo entre a Organização das Nações Unidas (ONU), a *Telecommunication Union* (ITU) e a *International Solid Waste Association* (ISWA). O mesmo relatório prevê que até o ano de 2021 superaremos a marca de 50 milhões de toneladas de REEE gerados anualmente ao redor do mundo.

Uma vez coletados, esses resíduos devem ter destinação ambientalmente adequada. A Política Nacional de Resíduos Sólidos (PNRS) determina que os REEE sejam tratados da seguinte forma, em ordem de prioridade:

1) Não geração;
2) Redução;
3) Reutilização;
4) Reciclagem;
5) Tratamento dos resíduos sólidos; e
6) Disposição final ambientalmente adequada dos rejeitos.

A PNRS prevê ainda que os fabricantes, importadores, distribuidores e comerciantes de produtos eletroeletrônicos (REEE) devem implantar sistemas de logística reversa, visando o retorno dos produtos às cadeias produtivas após seu uso pelo consumidor final.

No Brasil, os equipamentos eletroeletrônicos são classificados da seguinte forma:

- *Linha branca*: refrigeradores e congeladores, fogões, lavadoras de roupa e louça, secadoras, condicionadores de ar;
- *Linha marrom*: monitores e televisores de tubo, plasma, LCD e LED, aparelhos de DVD e VHS, equipamentos de áudio, filmadoras;
- *Linha azul*: batedeiras, liquidificadores, ferros elétricos, furadeiras, secadores de cabelo, espremedores de frutas, aspiradores de pó, cafeteiras; e
- *Linha verde*: computadores desktop e laptops, acessórios de informática, tablets e telefones celulares.

Além de preferível do ponto de vista legal e ambiental, a reciclagem dos REEE é um processo economicamente lucrativo tanto para o gerador como para o reciclador. Nos REEE são encontrados, inclusive, muitos metais preciosos como ouro, prata, cobre, platina e paládio, além de plástico, vidro, ferro, alumínio e outros materiais recicláveis.

Tomando como exemplo apenas aparelhos de telefone celular, é estimado que o valor intrínseco das matérias-primas contidas em um aparelho padrão (aproximadamente 90 g) seja de dois euros. No ano de 2016, em todo o mundo, foram geradas 445 mil toneladas de resíduos de telefones celulares. Numa conta rápida, chegamos ao valor de 9.4 bilhões de euros (50 bilhões de reais) desperdiçados pela não reciclagem desse tipo de aparelho.

Para explorarmos essa mina de metais preciosos, precisamos fazer a transição do modelo linear de produção (pegar-usar-descartar) para um modelo pensado de forma circular, no qual o resíduo de equipamentos eletroeletrônicos é tratado como matéria-prima e não como lixo.

7.5.1 EXEMPLO DO POTENCIAL DE RECICLAGEM DE REEE

Um ótimo exemplo do potencial dos resíduos de equipamentos eletroeletrônicos e de como a abordagem da economia circular pode gerar valor para a nossa sociedade vem do Comitê Organizador dos Jogos Olímpicos de Tóquio 2020 (que, em razão da pandemia de covid-19, foi adiada para 2021).

A princípio, todas as medalhas de premiação a serem entregues durante as olimpíadas seriam confeccionadas a partir de materiais extraídos de equipamentos eletroeletrônicos descartados.

A organização do evento começou a coletar os aparelhos no começo do ano de 2017 e esperava, até 2019, coletar cerca de 8 toneladas de metal bruto, que gerariam duas toneladas de metal puro, suficientes para a produção de todas as 5 mil medalhas a serem entregues no decorrer dos jogos de Tóquio.

7.6 RECICLAGEM DE METAIS

A grande vantagem da reciclagem de metais é que eles são 100% recicláveis, e esse processo pode ser feito inúmeras vezes, sem que o material perca a maioria das suas propriedades.

Vídeo sobre reciclagem de alumínio:

http://livro.link/res35

O processo de reciclagem do metal deve ser feito em duas etapas: a de coleta e de separação dos materiais. Os resíduos metálicos coletados são separados nos centros de triagem entre ferrosos e não ferrosos.

Como os metais ferrosos possuem propriedades magnéticas, sua separação dos demais resíduos pode ser feita facilmente por eletroímãs. Os resíduos metálicos podem também ser separados por tipo e características (alumínio, cobre, ferro, aço etc.).

Figura 7.6 Resíduos metálicos.

Fonte: iStockphoto.

7.7 RECICLAGEM DE RESÍDUOS ORGÂNICOS

Há uma parte importante dos resíduos, os resíduos orgânicos, que consistem em restos de alimentos e resíduos de jardim (folhas secas, podas etc.). Esses resíduos não devem ser misturados com outros tipos de resíduos e devem ser reciclados e transformados em adubo de forma segura em processos simples como a *compostagem*.

Vídeo sobre compostagem:

http://livro.link/res36

Observações:

Alguns estabelecimentos e municípios têm adotado a separação desses resíduos em três frações: recicláveis secos, resíduos orgânicos e rejeitos.

- Os *resíduos recicláveis secos* coletados são geralmente transportados para centrais ou galpões de triagem de resíduos, onde são separados de acordo com sua composição e posteriormente vendidos para a indústria de reciclagem;
- Os *resíduos orgânicos* são tratados para geração de adubo orgânico. A compostagem ou reutilização de detritos biodegradáveis (como lixo de cozinha ou de jardim) também é considerada reciclagem. O resíduo orgânico deve ser encaminhado para pessoas, ou empresas, para a compostagem; e
- Os *rejeitos* devem ser encaminhados para aterros sanitários.

Figura 7.7 Resíduos orgânicos.

Fonte: iStockphoto.

7.8 RECICLAGEM DE PAPÉIS

Vídeo sobre reciclagem de papel:

http://livro.link/res37

A maior parte do papel recolhido para a reciclagem é composto por sobras de papel que não apresentam nada impresso. Essas sobras de papel são denominadas de aparas. A cor e a textura do papel reciclado dependem dos papéis recolhidos para a realização do processo.

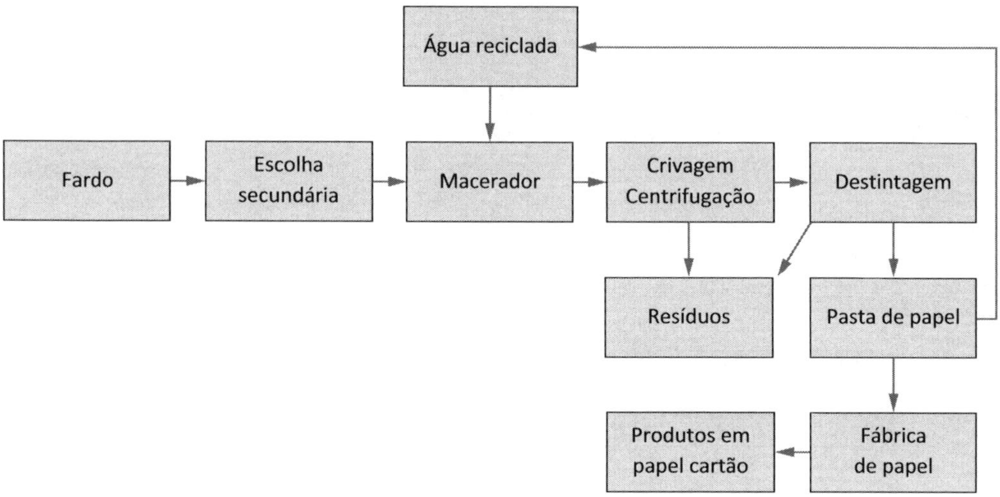

Figura 7.8 Processo de reciclagem do papel.

Papéis que não podem ser reciclados:

- Papel engordurado;
- Papel celofane;
- Papel laminado;
- Papel toalha ou guardanapo;
- Papel carbono;
- Papel higiênico;
- Papéis plastificados e parafinados; e
- Fotografias.

7.9 RECICLAGEM DE PLÁSTICOS

A reciclagem de plásticos consiste em transformá-los em pequenos grânulos, que podem ser utilizados na produção de novos materiais, tais como sacos de lixo, pisos, mangueiras, embalagens não alimentícias, peças de automóveis, entre outros.

A reciclagem do plástico é de extrema importância para o meio ambiente. Quando reciclamos o plástico ou compramos plástico reciclado, estamos contribuindo com a preservação do meio ambiente, pois esse material deixa de ir para os aterros sanitários ou para a natureza, poluindo rios, lagos, solo, matas e o oceano.

Figura 7.9 Plásticos recicláveis.

Fonte: iStockphoto.

O processo de reciclagem dos materiais plásticos se faz em etapas:

- Seleção;
- Separação dos materiais;
- Moagem e fragmentação;
- Lavagem; e
- Separação.

Vídeo sobre reciclagem de plásticos:

http://livro.link/res38

Para os materiais plásticos em específico, existe uma classificação por meio de símbolos, que definem uma classificação dos materiais plásticos de acordo com o polímero.

1 = Poli (tereftalato de etileno)
2 = Polietileno de alta densidade
3 = Poli (cloreto de vinila)
4 = Polietileno de baixa densidade
5 = Polipropileno
6 = Poliestireno
7 = Outros

Figura 7.10 Simbologia dos materiais plásticos recicláveis.

Devido à crescente quantidade de materiais plásticos utilizados atualmente, é recomendável identificá-los com o símbolo do *polímero termoplástico* que é classificado por meio da simbologia 7 (outros).

7.10 RECICLAGEM DE VIDROS

A reciclagem de vidro, além de poupar uma boa parte dos recursos naturais, também consome menor quantidade de energia e emite menos material particulado. Vale ressaltar que, com um quilo de vidro, faz-se outro quilo de vidro, com perda zero de materiais.

No processo de reciclagem, o vidro recebe uma lavagem e passa por um processo de trituração. Os cacos são então aquecidos e fundidos a uma temperatura acima de 1.300 °C. Após esse processo, garrafas, copos etc., podem ser moldados e utilizados novamente, com significativa economia de energia e matéria-prima.

Vídeo sobre reciclagem de vidro:

http://livro.link/res39

Atualmente estima-se que mais de 40% das embalagens de vidro produzidas no Brasil são de material reciclado e a expectativa é que esse número aumente. Para tanto, a população precisa colaborar, adquirindo o hábito de separar o lixo. Coloque os utensílios de vidro separados em caixas de papelão e encaminhe para a coleta seletiva.

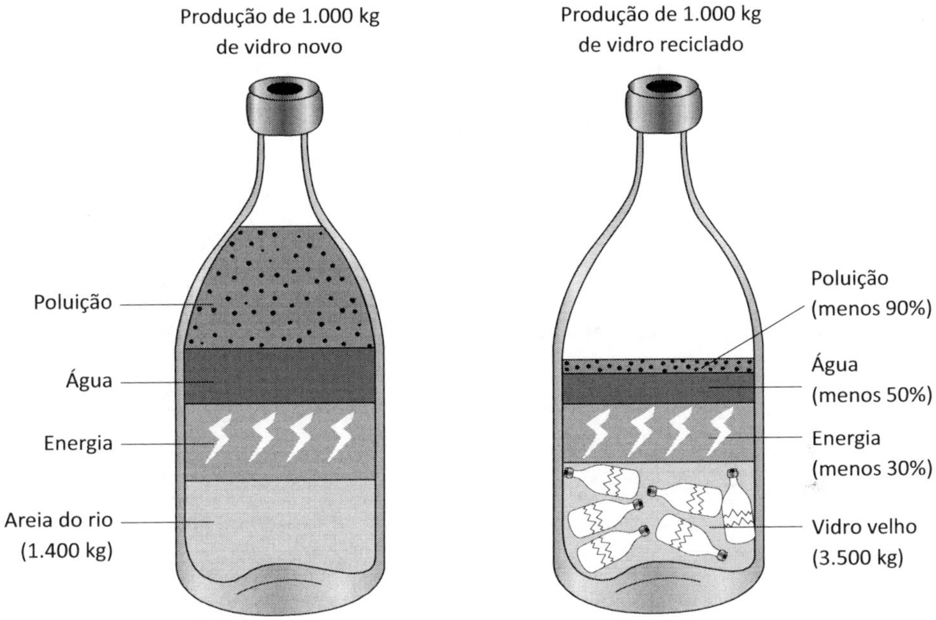

Figura 7.11 Vantagens da reciclagem de vidros.

7.11 RECICLAGEM DE EMBALAGENS CARTONADAS

A embalagem cartonada, criada pela empresa Tetra Pak e conhecida como embalagem "longa vida" ou simplesmente caixa de leite, é muito utilizada para acondicionar leite, sopas, sucos e outros produtos líquidos alimentares. Estima-se que a produção anual de embalagens cartonadas no Brasil seja superior a 12 bilhões.

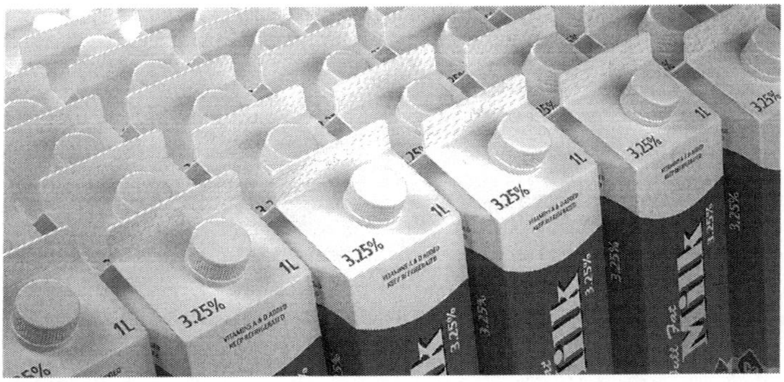

Figura 7.12 Embalagens cartonadas e fardos de embalagens cartonadas.

Fonte: iSotckphoto.

A embalagem cartonada é composta basicamente de:

- 75% papel cartão: dois papéis unidos sem cola, que oferecem suporte mecânico e resistência à embalagem;
- 20% de filmes de polietileno (PEBD): que impede a umidade e o contato direto do alimento com o alumínio, além de evitar o vazamento;
- 5% alumínio: que serve de barreira à entrada de luz e oxigênio.

A embalagem cartonada possui múltiplas camadas e varia de acordo com o tipo de alimento. A caixa de leite, por exemplo, precisa de seis camadas. Essas camadas passam por um processo de compressão sobre todas as folhas dos diferentes constituintes.

A reciclagem de embalagens cartonadas é um processo pelo qual são reintegrados à cadeia produtiva os materiais componentes desse tipo de embalagem. Apesar de ser viável, a reciclagem da embalagem cartonada não é simples, pois ela apresenta diversos componentes prensados que possuem características físicas e químicas diferentes, o que dificulta a separação deles.

De acordo com os fabricantes, a sua reciclagem é considerada vantajosa, pois no caso da embalagem cartonada da caixa de leite, a separação de seus componentes produz 35% composto de plástico/alumínio e 65% de fibra celulósica, uma tonelada de embalagem cartonada produz cerca de 700 kg de papel (o que evitaria o corte de 21 árvores). Além de reduzir custo na produção.

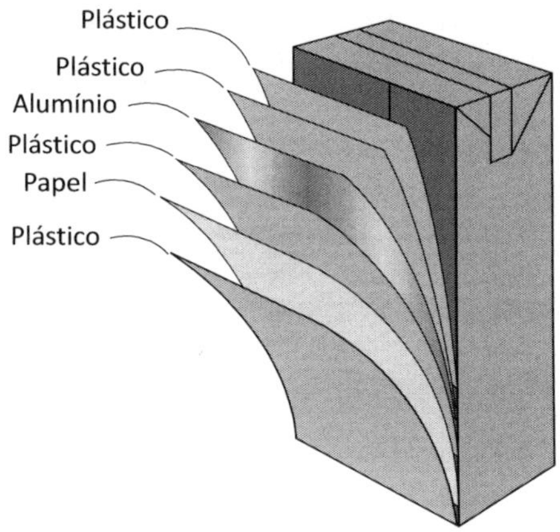

Figura 7.13 Camadas da embalagem cartonada.

O processo de reciclagem ocorre, primeiramente, em um equipamento que mistura a embalagem cartonada com água, agitando fortemente a mistura durante 30 minutos. Durante esse período, as fibras de papel da embalagem são separadas das camadas de plástico e de alumínio e, com isso, se misturam à água. Então, as fibras de papel e a água são submetidas a uma peneiração, que separa os dois compostos e retém o plástico com o alumínio, permitindo que a polpa siga para o processo de reaproveitamento e fabricação de papel.

Enquanto isso, o plástico e o alumínio, ainda unidos, são retirados do equipamento e levados para outras empresas de reciclagem especializadas na separação desses dois materiais. Em alguns casos, eles são reaproveitados ainda unidos.

As fibras podem ser usadas para a fabricação de palmilha para sapatos, papel toalha, embalagens leves, papelão ondulado, caixa de ovos, papel branco e até retornar como embalagem cartonada novamente. O composto de plástico e alumínio pode ser utilizado para produção de diversos objetos, a exemplo da produção de telhas, que são impermeáveis e resistentes à flexão.

Segundo a associação Compromisso Empresarial para Reciclagem (Cempre), existem, no Brasil, 20 empresas especializadas na reciclagem de embalagem cartonada.

Vídeo sobre a reciclagem de embalagens cartonadas:

http://livro.link/res40

7.12 RECICLAGEM DE ISOPOR

Por se tratar de um material versátil, o isopor é utilizado de muitas formas diferentes, como na construção civil, na indústria de alimentos e bebidas, na indústria de eletrodomésticos (como forma de proteção no momento do transporte) e mais uma infinidade de outras aplicações.

Devido à sua praticidade, leveza, capacidade de isolamento térmico, e principalmente ao baixo custo, a produção de isopor tem aumentado cada vez mais.

Figura 7.14 Peças de isopor.

Fonte: iStockphoto.

Atualmente, estima-se que no Brasil sejam produzidos em torno de 100 mil toneladas desse material por ano.

O isopor (poliestireno expandido) é composto de 98% de ar e apenas 2% de matéria prima, por isso é tão leve. Isso faz com que seu volume seja muito grande se comparado ao seu peso. O isopor não é um material biodegradável, já que seu processo de decomposição na natureza leva em torno de 150 anos. Se for descartado de forma inadequada, ele representa um risco para o ecossistema, pois seu destino final quase sempre são rios e mares.

Quimicamente ele é composto por apenas dois elementos, carbono e hidrogênio, ou seja, não contêm nenhum produto tóxico ou perigoso para o meio ambiente ou a camada de ozônio. Na natureza, o isopor pode se quebrar podendo ser ingerido por cetáceos ou peixes, prejudicando o sistema digestivo desses animais, levando-os à morte.

Se for descartado de forma correta, o isopor pode ser 100% reciclado. O mercado já possui condições desenvolvidas para sua reciclagem. O isopor coletado deve ser destinado para empresas que trabalham especificamente no seu reaproveitamento.

Existem várias formas de reciclar ou reutilizar o isopor algumas delas são:

1) Em um processo, a máquina de reciclagem retira o gás que compõe o isopor. Em seguida, os resíduos são compactados em forma de fardos ou tarugos. Uma vez realizado o processo, o material fica pronto para venda e reutilização na indústria. Normalmente o material passa por uma segunda reciclagem nas indústrias, sendo triturado, derretido e granulado. Após esse processo, os resíduos se tornam novamente matéria prima para a fabricação de novos produtos;

2) Existem ainda outras formas de reutilizar o isopor, como para a geração de energia. Devido ao seu alto poder calorífico, ele pode ser queimado em usinas térmicas, produzindo energia. Ao ser queimado, o isopor se transforma em gás carbônico e vapor de água; e

3) Outra forma de reutilização do isopor é no processo de fabricação de óleos e gases, através da reciclagem química.

Vídeo sobre reciclagem de isopor:

http://livro.link/res41

Estima-se que anualmente são reciclados no Brasil em torno de 30 a 35 mil toneladas de isopor (poliestireno expandido), quantidade que inclusive se iguala aos índices dos principais países europeus. O isopor pode ser considerado um produto ecológico, já que não contamina o solo, o ar e a água e é 100% reciclável.

7.13 RECICLAGEM DE MADEIRA

Um dos materiais mais utilizados pelo ser humano é, sem sombra de dúvida, a madeira, principalmente na construção civil. Muito aplicada também na produção de móveis para escritórios, residências e indústrias. A madeira é também um resíduo sólido proveniente dos serviços de limpeza urbana principalmente durante a poda de árvores.

A madeira é um material reciclável que pode ser 100% reciclado, incluindo galhos de árvores, caixotes, restos de construção e móveis. As edificações usam madeira em sua estruturação, fechamentos, lajes, formas, tetos, vigas etc. Ao término da obra, muitas vezes essas peças de madeira não têm mais serventia, pois estão danificadas, empenadas, com restos de concreto etc. Normalmente a madeira só é utilizada, nessas condições, durante um certo tempo. A tendência é ser descartada juntamente com os resíduos da obra.

Vídeo sobre reciclagem da madeira:

http://livro.link/res42

A melhor solução para as sobras de madeira da construção civil é reaproveitá-las (reciclá-las), evitando assim que toneladas desse resíduo sejam enviadas para os aterros após o término das obras. Sendo a madeira um resíduo de natureza orgânica, ela entrará em processo de apodrecimento e se constituirá em um problema ambiental.

Figura 7.15 Restos de madeiras de construções e podas de árvores.

Fonte: iStockphoto.

Formas de reciclagem e reúso da madeira:

1) Em marcenaria, com uma inspeção inicial, selecionam-se pedaços de madeira que estão em boas condições, mas com visual feio por fora. Bons profissionais de marcenaria podem, por meio de processos de raspagens, polimentos, pinturas e demandas de verniz recuperar as peças;

2) Triturada e transformada em pó. Utilizado por fabricantes de módulos de MDF, chapa que tem alto valor agregado na indústria moveleira; e

3) Os resíduos de madeira podem também ser empregados, na forma de *pellets*, como biomassa para ser queimada em fornos e produzindo energia.

Figura 7.16 *Pellets* de madeira.

Fonte: iStockphoto.

Reciclagem de madeira para *pellets*:

http://livro.link/res43

Pellets de madeira são biocombustíveis sólidos que usam, como matéria-prima, resíduos de biomassa vegetal, como serragem, maravalha de madeira, bagaço de cana-de-açúcar, entre outros. Os *pellets* têm geometria regular de pequenos cilindros, possuem entre 6 mm e 8 mm de diâmetro e comprimento entre 10 mm e 40 mm.

Os *pellets* são compactados com baixo teor de umidade (TU < 10%), com elevada densidade e eficiência. A sua geometria permite ótima fluidez, facilitando a automação de processos comerciais e industriais de queima do produto.

É uma fonte de energia renovável e de fácil manuseio que ocupa pouco espaço na hora da armazenagem. Os *pellets* se transformaram em um importante recurso energético mundial, especialmente para o continente europeu, onde seu mercado é estável e passa por rápido desenvolvimento. Por ser um combustível menos poluente que o petróleo, os *pellets* são utilizados por países que precisam diminuir suas emissões poluentes para atender os acordos firmados no Protocolo de Kyoto e ratificados na Conferência do Clima (COP21), que ocorreu na França, em dezembro de 2015.

7.14 RECICLAGEM DE BATERIAS DE CARROS ELÉTRICOS

A introdução e o aumento do uso dos carros elétricos levantou a preocupação acerca do impacto das suas baterias na sustentabilidade.

Figura 7.17 Carro elétrico sendo abastecido.

Fonte: iStockphoto.

Essas baterias contêm lítio, cobalto e níquel, materiais altamente agressivos ao meio ambiente, mas que são 100% recicláveis. Elas pesam, atualmente, uma tonelada, enquanto as de celulares, 100 gramas. Cabe salientar que lítio é um material reativo e com certo risco de explosão, o que dificulta em muito seu reaproveitamento.

Figura 7.18 Bateria de carro elétrico.

Fonte: iStockphoto.

Já existem boas iniciativas para o desenvolvimento da reciclagem de baterias automotivas de carros elétricos. A companhia americana *OnTo Technology*, por exemplo, vislumbra um mercado de reciclagem mais vigoroso em 2025. A americana *Tesla*, pioneira na fabricação de carros elétricos, anunciou que pretende reciclar as células exauridas e usar as baterias na reutilização de sua *Gigafactory*. A chinesa BYD aproveita o equipamento no fim da útil para pôr em funcionamento grandes acumuladores de energia estacionária.

No Brasil, o Grupo Solvi, que faz reciclagem de resíduos eletrônicos, já se prepara para o reaproveitamento das baterias de carros elétricos, apesar de considerar uma operação onerosa, segundo fonte de relações empresariais do grupo.

CAPÍTULO 8

Gestão e gerenciamento de resíduos sólidos

8.1 GESTÃO E GERENCIAMENTO

Os termos gestão e gerenciamento são frequentemente utilizados como sinônimos. Quando se trata de resíduos sólidos, no entanto, tais termos pressupõem conceitos diferentes. De acordo com Leite (1997) *apud* Schalch (2019), entende-se como *gestão de resíduos sólidos* as atividades referentes à tomada de decisões estratégicas e à organização do setor para esse fim, envolvendo instituições, políticas, instrumentos e meios. A gestão tem como objetivo a minimização da produção de rejeitos.

A Ordem preferencial na gestão de resíduos sólidos é a seguinte:

1) Não geração;
2) Redução;
3) Reutilização;
4) Reciclagem;
5) Tratamento adequado dos resíduos; e
6) Disposição final ambientalmente adequada dos rejeitos.

De acordo com Leite (1997) *apud* Schalch (2019), entende-se como *gerenciamento de resíduos sólidos* os fatores referentes aos aspectos tecnológicos e operacionais do gerenciamento, dentre eles, operacionais da questão envolvendo fatores administrativos, gerenciais, econômicos, ambientais e de desempenho como produtividade e qualidade, por exemplo, que se relacionam com:

- Prevenção;
- Redução;
- Segregação;
- Reutilização;
- Acondicionamento;
- Coleta;
- Transporte;
- Tratamento;
- Recuperação de energia; e
- E destinação final de resíduos sólidos.

Por outro lado, de acordo com a PNRS, *gerenciamento de resíduos sólidos* é o conjunto de ações exercidas, direta ou indiretamente, nas etapas de coleta, transporte, transbordo, tratamento e destinação final ambientalmente adequada dos resíduos sólidos e disposição final ambientalmente adequada dos rejeitos, de acordo com plano municipal de gestão integrada de resíduos sólidos ou com o plano de gerenciamento de resíduos sólidos.

Observação:

1) De acordo com a PNRS, o gerador é sempre responsável pelos seus resíduos; e
2) Existe disponível na internet o *Manual de Orientação para elaboração de Planos de Gestão* – GeRes – Ministério do Meio Ambiente – Brasil – Sec. Recursos Hídricos e Ambiente Urbano – ICLEI – *Local Government for Sustainability.*

8.2 DESTINAÇÃO E DISPOSIÇÃO FINAL DE RESÍDUOS SÓLIDOS

De acordo com a PNRS, a *destinação* consiste na reutilização, compostagem, reciclagem, aproveitamento energético e outras soluções admitidas pelos órgãos competentes do Sisnama, do SNVS e do Suasa, entre elas a disposição final, desde que respeitadas normas operacionais que evitem danos à saúde e a segurança pública, minimizando os impactos ambientais adversos. Conforme a PNRS, disposição final é ainda a distribuição ordenada dos rejeitos em aterros sanitários, observando as normas operacionais específicas, esgotadas todas as possibilidades de tratamento e recuperação com tecnologias disponíveis e economicamente viáveis.

8.3 LIXÃO, ATERRO CONTROLADO, ATERRO SANITÁRIO E OUTRAS SOLUÇÕES

Os locais mais usados, no Brasil, para destinação de resíduos são os lixões, os aterros controlados e os aterros sanitários. Comentaremos em maior detalhamento suas particularidades a seguir.

8.3.1 LIXÃO

O *lixão* é uma forma antiquada e inadequada de disposição final de resíduos sólidos que se caracteriza pela simples descarga dos resíduos sobre o solo, sem qualquer medida de proteção ao meio ambiente ou à saúde pública, e é, portanto, um procedimento sem nenhum cuidado técnico-científico-ecológico. Eles são condenados sob o ponto de vista sanitário pelo fato de os resíduos lançados conterem matéria orgânica, que inicia de imediato um processo de decomposição ao ar livre, atraindo vetores indesejáveis à saúde humana, e exalando odores.

Nos lixões, não existe nenhum controle quanto aos tipos de resíduos depositados nem quanto ao local de sua disposição. Os resíduos domiciliares e comerciais de baixa periculosidade são depositados juntamente com os industriais e hospitalares de alto poder poluidor.

Uma vez que a massa do lixão é removida periodicamente, o oxigênio em seu interior é rapidamente consumido promovendo a decomposição anaeróbica e gerando gases como metano, carbônico e sulfídrico que exalam odores desagradáveis. Outro problema decorrente dessa prática é a produção do chorume, uma fração líquida escura, ácida e de odor desagradável que pode infiltrar-se no solo, contaminando os aquíferos superficiais e subterrâneos.

Vídeo sobre lixões e aterros sanitários:

http://livro.link/res44

Figura 8.1 Lixões.

Fonte: iStockphoto.

Resumindo, nos lixões pode haver problemas associados a:

- Presença de animais (inclusive a criação de porcos);
- Presença de catadores (que em grande parte residem no local);
- Riscos de incêndio causados pelos gases gerados pela decomposição de resíduos; e
- Escorregamentos, quando há formação de pilhas muito íngremes, sem nenhum critério técnico.

Observação:

O projeto do *Novo Marco Legal do Saneamento Básico* (PL n. 4.162/2019) propõe, entre outras medidas, o fechamento de todos os lixões no país até 2024.

8.3.2 ATERRO CONTROLADO

O *aterro controlado*, também conhecido como remediação, segundo a ABNT, é uma técnica discutível de disposição final de resíduos sólidos urbanos no solo. Na maioria dos casos, são benfeitorias promovidas por exigências de órgãos ambientais, como melhoria no acesso, espalhamento periódico dos resíduos e coleta de águas pluviais que, na prática, pouco reduz os impactos ambientais decorrentes da disposição final. Nesse método, deve-se cobrir os resíduos com uma camada de material inerte, na conclusão de cada jornada de trabalho.

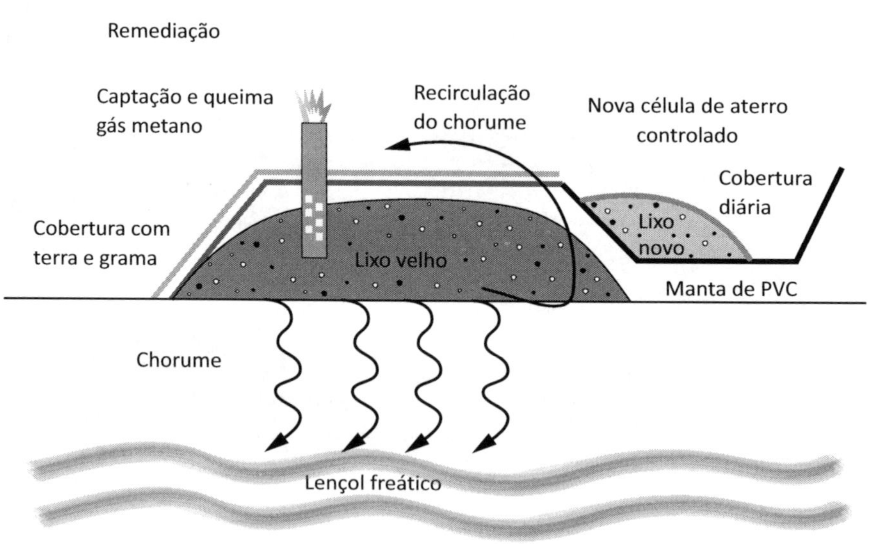

Figura 8.2 Aterro controlado.

Em princípio, é uma solução rápida encontrada para dar resposta à imensa quantidade de resíduos gerados nas cidades. Um grande problema é que o chorume (líquido gerado no processo) se infiltra no solo, pois não há impermeabilização, e chega ao lençol freático, poluindo-o, potencialmente causando doenças, epidemias e outros problemas.

8.3.3 ATERRO SANITÁRIO

Vídeo sobre aterro sanitário e aterro controlado:

http://livro.link/res45

O *aterro sanitário* de resíduos sólidos urbanos consiste na técnica de disposição final de resíduos no solo sem causar danos ou riscos à saúde pública e à segurança, minimizando os impactos ambientais. É um local destinado à decomposição final de resíduos gerados pelas atividades humanas, tais como resíduos domésticos, comerciais, da indústria de construção e os resíduos retirados do esgoto. Esses aterros se baseiam na técnica de se enterrar os resíduos, buscando sua decomposição e redução de volume à longo prazo na natureza. Pode-se considerar, em função do processo construtivo, dois tipos de aterros sanitários: por método de alteamento e por método de escavação. A metodologia de disposição de resíduos sólidos do Aterro Sanitário é reconhecida e difundida em quase todo mundo, principalmente quando existem áreas disponíveis.

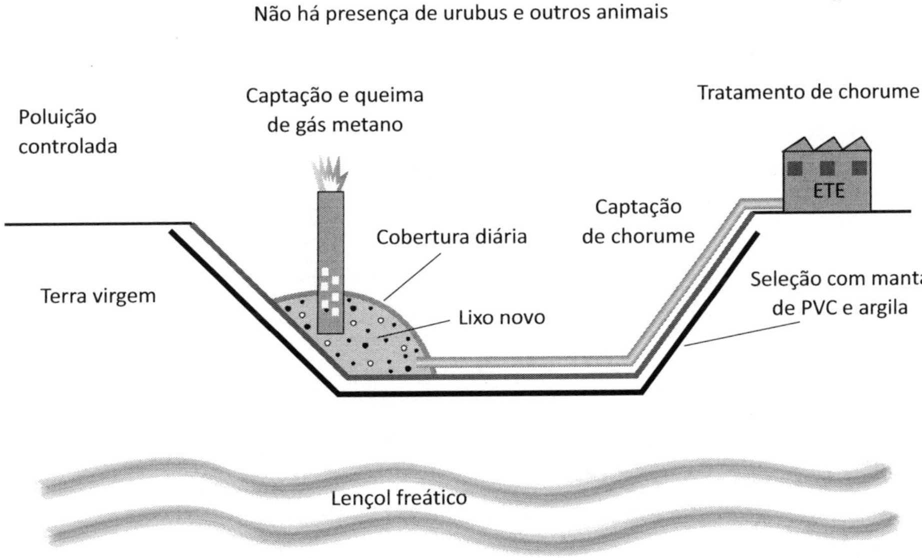

Figura 8.3 Esquema de aterro sanitário.

Em resumo, um aterro sanitário deve dispor, no mínimo, de:

- Impermeabilização perfeita do solo, com mantas plásticas, argila ou outros materiais de forma a impedir a percolação do chorume para os lençóis freáticos e subterrâneos;
- Sistema de captação e de tratamento do chorume;
- Sistema de captação e aproveitamento ou queima dos gases gerados no aterro;
- Sistema de drenagem de águas pluviais;
- Operação e monitoramento adequados; e
- Acesso controlado.

De acordo com as legislações vigentes, os municípios deverão, em seus planos de resíduos sólidos, incentivar a separação dos materiais recicláveis na origem (residências, comércio e indústria). Em todo plano de gestão integrada municipal, ou de preferência regional, os aterros sanitários são as unidades adequadas para a disposição final de resíduos.

No Brasil, o licenciamento ambiental das instalações de tratamento e disposição final de resíduos sólidos deve obedecer à Resolução Conama n. 001/1986. Essa resolução exige a realização de Estudo de Impacto Ambiental (EIA) e do Relatório de Impacto Ambiental (RIMA).

Um aterro sanitário deve ter uma vida útil superior a 20 anos. Na ocasião da sua desativação, que corresponde ao fim do recebimento de resíduos no local, outras atividades deverão ser realizadas, como a recomposição do solo e o monitoramento de águas superficiais e subterrâneas. Normalmente, as áreas recuperadas dos aterros sanitários têm se transformado em jardins, parques, praças esportivas e áreas de laser. Não é recomendada a construção de edificações nos locais.

8.3.4 OUTRAS SOLUÇÕES PARA DESTINAÇÃO DE RESÍDUOS SÓLIDOS

8.3.4.1 Compostagem

A *compostagem* é o processo biológico de transformação de resíduos orgânicos em substâncias húmicas pela ação de microrganismos, principalmente bactérias. A decomposição da matéria orgânica ocorre na presença de oxigênio (aeróbia) ou na ausência (anaeróbia). Entretanto, procura-se oferecer um ambiente aeróbico para a realização da compostagem, o que torna a decomposição mais rápida. Além disso, quando o processo acontece em condições anaeróbias, ocorre à liberação de odores e gases do efeito estufa. Em resumo, a compostagem, é um tratamento aeróbico, através do qual a matéria orgânica é transformada em adubo ou composto orgânico.

Os materiais que podem ser *compostados* são divididos em duas classes:

- Materiais ricos em carbono (materiais castanhos), como cascas de árvores, folhas e galhos secos, podas dos jardins, palha etc.; e
- Materiais ricos em nitrogênio (materiais verdes), como folhas verdes, restos de legumes, frutas e verduras, cascas de ovos, borras de café, restos de comida etc.

Os materiais para compostagem não devem incluir plásticos, vidros, metais, óleos, tintas, laticínios, excesso de carnes e gorduras etc.

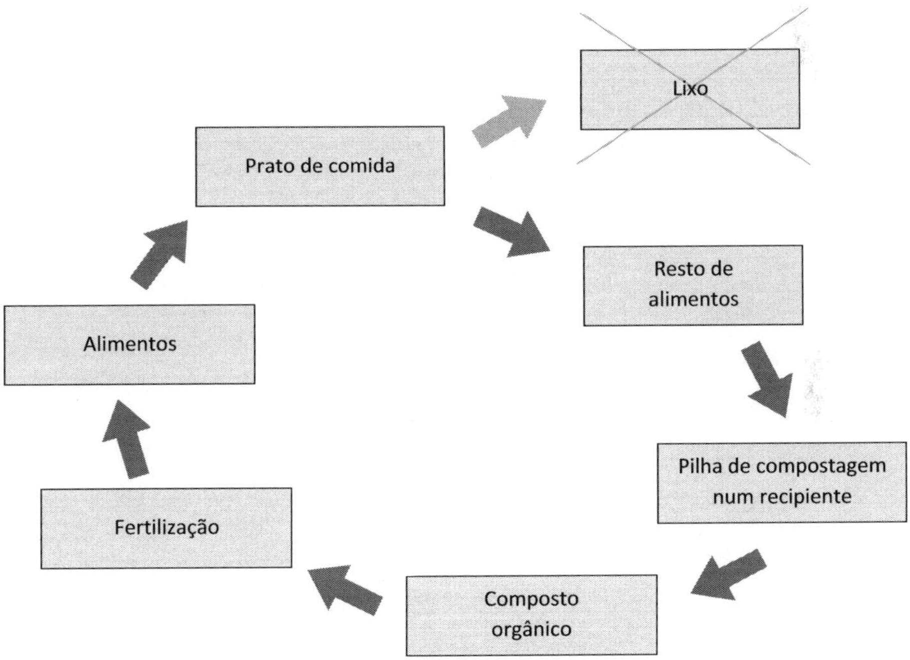

Figura 8.4 O processo de Compostagem.

8.3.4.2 Biogasificação ou metanização

Biogasificação ou *metanização*, é um tratamento por decomposição anaeróbia que gera biogás, formado por cerca de 50% de metano, que pode ser utilizado como combustível. O resíduo sólido por meio da biogasificação pode ser tratado aerobiamente para formar composto orgânico.

8.3.4.3 Confinamento permanente

Confinamento permanente ocorre quando o lixo altamente tóxico e duradouro, e que não pode ser destruído, por exemplo, lixo nuclear, precisa ser tratado. Assim sendo, ele é confinado permanentemente e mantido em locais de difícil acesso, tais com túneis escavados a quilômetros abaixo do solo.

8.4 TRATAMENTO TÉRMICO

De acordo com Schalch (2019), os tratamentos térmicos de resíduos sólidos são processos que utilizam o calor como energia principal para recuperar, separar ou reduzir o potencial poluidor de substâncias ou microrganismos presentes, reduzir massa ou volume e produzir energia térmica ou mecânica a partir de resíduos sólidos. Esses tratamentos consistem em uma sequência de transformações destinadas a reduzir a quantidade ou o potencial poluidor dos resíduos sólidos, com o intuito de produzir materiais inertes, biologicamente estáveis, sem ou de periculosidade reduzida. Os processos de tratamento térmico podem ser, fundamentalmente, de dois princípios: com combustão e sem combustão.

- Tipos de tratamento térmico com combustão:
  - ▹ Incineração, co-incineração e incineração em cimenteiras (os mais utilizados);
  - ▹ Gaseificação; e
  - ▹ Coprocessamento.
- Tipos de tratamento térmico sem combustão:
  - ▹ Pirólise;
  - ▹ Autoclave; e
  - ▹ Micro-ondas (aquecimento dielétrico).

Sobre os processos de incineração, coincineração e incineração em cimenteiras, confira-se a discussão abaixo.

8.4.1 INCINERAÇÃO

Incineração é a queima do lixo em fornos e usinas próprias. Nesse processo, o lixo é colocado num incinerador, no qual é queimado. Durante a combustão, as temperaturas superam os 900 °C. Depois da queima, resta um material que pode ser encaminhado para aterros sanitários ou mesmo reciclado.

Esse é o procedimento obrigatoriamente usado para lixo hospitalar, que precisa de condições adequadas de descarte e não pode ser misturado a outras categorias. É uma técnica de tratamento bastante utilizada em cidades que não têm grandes áreas disponíveis para construção de aterros. Além disso, trata-se de um sistema útil na eliminação de resíduos combustíveis, não apresentando vantagens para outros materiais como, vidros, metais e plásticos. Da incineração, resultam, como produtos finais:

Vídeo sobre incineração:

http://livro.link/res46

- Gases, inclusive dióxido de carbono, agente causador do efeito estufa;
- Energia térmica, que pode ser transformada em energia elétrica ou vapor;
- Cinzas, que podem ser transportadas para aterros sanitários; e
- Escórias.

Vantagens da incineração:

- Reduz de maneira significativa o volume dos resíduos. Além disso, destrói os microrganismos contidos, principalmente no lixo hospitalar e no industrial, que podem causar doenças;
- O incinerador pode ser instalado em pequenas áreas;
- A técnica diminui o volume do lixo em até 90%, uma vez que sobram apenas cinzas;
- São completamente eliminados o lixo hospitalar, animais mortos e alimentos contaminados;
- Pode se localizar próximo à cidade, diminuindo o custo do transporte do lixo; e
- É um procedimento adequado para resíduos hospitalares.

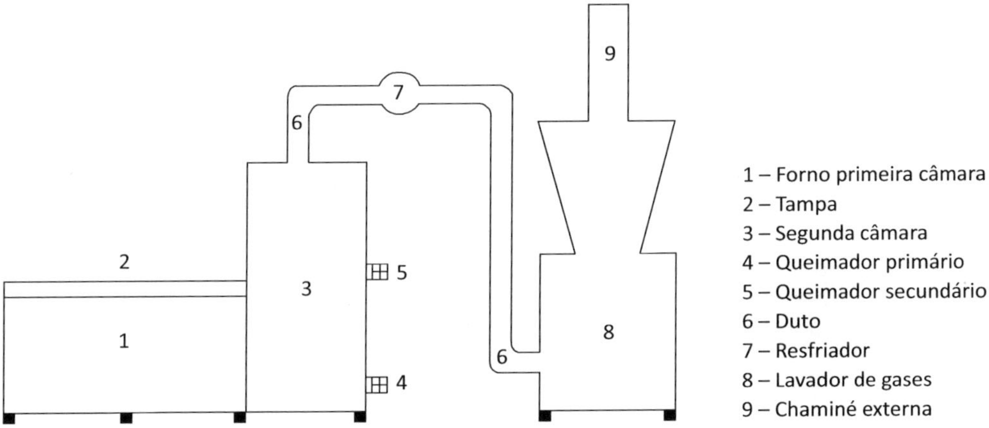

Figura 8.5 Incinerador.

Fonte: adaptada de ATR.

Desvantagens da incineração:

- Custo elevado da instalação;
- Produção de gases que poluem o ar;
- É necessária a instalação de filtros para reter cinzas e gases; e
- Como parte do processo, fazem-se necessários equipamentos de limpeza de gases, tais como precipitadores ciclônicos de partículas (ou ciclones), precipitadores eletrostáticos e lavadores de gases.

Observação:

A incineração é um tema que divide opiniões em todo mundo. Análises mostram que os incineradores podem ser considerados armas de destruição massiva, provocando vários efeitos negativos na saúde humana.

8.4.2 COINCINERAÇÃO

A *coincineração* é o processo de tratamento de resíduos que consiste na sua queima conjuntamente com combustíveis tradicionais em fornos industriais. É um processo seguro de valorização econômica de resíduos industriais em fim de linha, praticado há muitos anos em diversos países. Os resíduos são valorizados energeticamente, pois substituem parte do combustível usado no forno.

A coincineração dos resíduos mais perigosos é feita por injeção na zona de queima, o que permite uma destruição mais eficiente em relação às outras maneiras tradicionais. O arrefecimento dos gases antes de sua chegada aos filtros permite atingir níveis mais baixos de emissão de dioxinas.

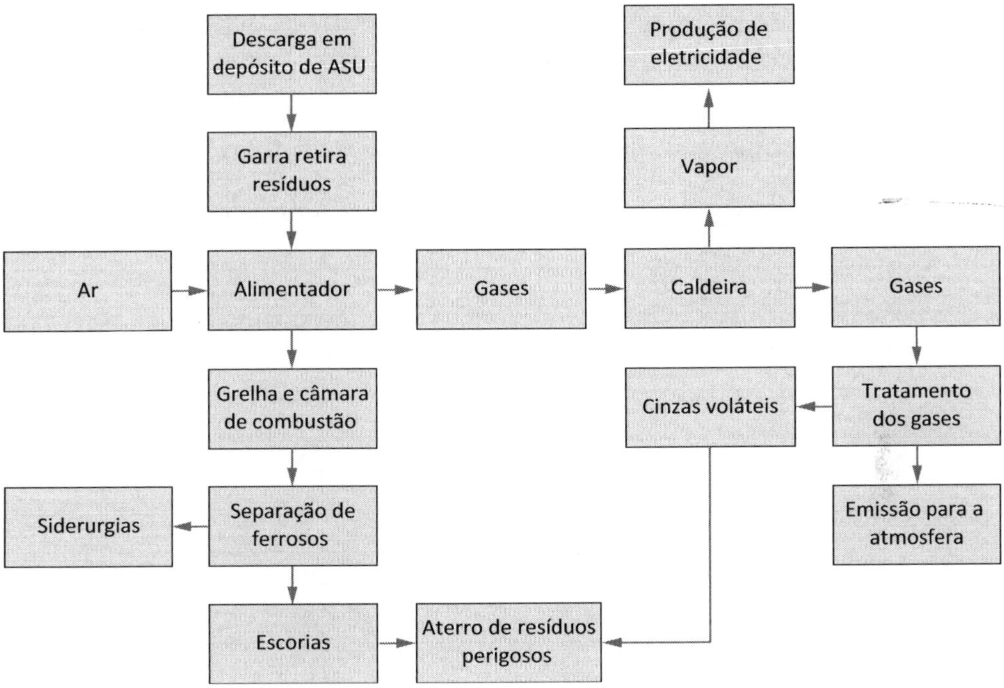

Figura 8.6 Etapas da coincineração.

8.4.3 INCINERAÇÃO EM CIMENTEIRAS

Os fornos de cimento são muito utilizados nesse processo, pois permitem incinerar a temperaturas muito elevadas de 2.000 °C na chama do queimador principal.

Quando os resíduos contêm substâncias ambientalmente perigosas, tais como compostos aromáticos ou metais, a incineração em fornos de cimento pode evitar a contaminação do ambiente de forma segura. No caso de compostos orgânicos (contendo átomos de carbono ou azoto), as temperaturas muito elevadas e o longo tempo de permanência no forno provocam a destruição dessas moléculas, originando compostos inócuos.

Por exemplo, a *Geocycle* (divisão da Lafarge Holcim) que atua no gerenciamento e destinação correta de resíduos industriais e domésticos investiu cerca de 6 milhões de dólares em 5 unidades brasileiras de cimenteira. Nelas, são transformadas em energia e matéria prima mais de 170 mil toneladas de resíduos por ano, por meio da incineração em cimenteiras (coprocessamento).

8.5 GERENCIAMENTO E MANEJO DE RESÍDUOS DE SERVIÇOS DE SAÚDE

Resíduos de serviços de saúde (RSS) são os chamados lixos hospitalares e oferecem risco tanto para a saúde como para o meio ambiente. Portanto, é de grande importância que sejam tomados os devidos cuidados com os RSS. Esses resíduos fazem parte dos resíduos sólidos urbanos gerados, mas possuem uma importância maior pelo risco que apresentam se descartados de maneira inadequada por serem impactantes. Apesar de receberem o nome de lixo hospitalar, é válido afirmar que os RSS podem ser gerados por diversos serviços de saúde, como:

- Hospitais;
- Clínicas;
- Consultórios;
- Laboratórios;
- Farmácias;
- Clínicas Veterinárias; e
- Postos de saúde.

São considerados RSS:

- Agulhas;
- Seringas;
- Gazes;
- Bandagens;
- Algodões;
- Órgãos ou tecidos removidos;
- Preparações químicas utilizadas para análises laboratoriais, chamados de meios de cultura;
- Animais utilizados em testes de laboratórios;
- Sangue coagulado;
- Luvas descartáveis utilizadas; e
- Filmes radiológicos.

Os RSS são classificados em 5 grupos (de A a E):

- A: Componentes que podem conter agentes biológicos e que, por possuírem maior concentração de vírus, apresentam riscos de infecção. Alguns exemplos são carcaças humanas, membros, tecidos e bolsas de sangue;

- B: Substâncias químicas que apresentam risco à saúde pública ou ao meio ambiente. Alguns exemplos são medicamentos apreendidos, resíduos que contêm metais pesados e agentes de laboratório;
- C: Materiais que contêm radionuclídeos superiores ao limite de eliminação da norma da Comissão Nacional de Energia Nuclear. Alguns exemplos são os resíduos provenientes dos serviços de medicina nuclear e radioterapia;
- D: Em contraposição aos anteriores, este item não apresenta risco biológico, químico, radiológico ou ao meio ambiente, de forma que são parecidos com os resíduos domiciliares. O melhor exemplo são os restos alimentares; e
- E: Materiais perfurocortantes. Este é o grupo que engloba lâminas de barbear, agulhas, ampolas de vidro, pontas de diamante, lâminas de bisturi, espátulas e outros utensílios semelhantes.

Observação:

Os três primeiros grupos (de A a C) são os que apresentam maior risco e necessitam de maior cuidado.

8.5.1 GERENCIAMENTO DOS RSS

Conforme a Resolução da Agência Nacional de Vigilância Sanitária (Anvisa) RDC n. 306, o gerenciamento de RSS é constituído por um conjunto de procedimentos de gestão, planejados e implementados a partir de bases científicas e técnicas, normativas e legais.

O gerenciamento de resíduos de serviços de saúde tem como objetivo minimizar a produção de resíduos de serviço de saúde e proporcionar, aos resíduos gerados, um encaminhamento seguro de forma eficiente, visando à proteção dos trabalhadores, a preservação da saúde pública, dos recursos naturais e do meio ambiente.

O gerenciamento se inicia pelo planejamento dos recursos físicos e dos recursos materiais necessário, culminando com a capacitação dos recursos humanos.

Observação:

Todo estabelecimento gerador de resíduos de serviços de saúde deve elaborar um plano de gerenciamento desses resíduos (PGRSS), baseado nas características dos resíduos gerados. O plano deve ser compatível com as normas federais, estaduais e municipais e deve estar de acordo com procedimentos de biossegurança, relativos à coleta, transporte e disposição final.

8.5.2 MANEJO DOS RESÍDUOS DE SERVIÇOS DE SAÚDE

O manejo dos resíduos de serviços de saúde é um conjunto de ações voltadas ao gerenciamento dos resíduos gerados. Ele deve focar os aspectos internos e externos ao estabelecimento, indo desde a geração até a disposição final, e consiste em nove etapas:

1) *Segregação*: Consiste na separação dos resíduos no momento e local de sua geração de acordo com suas características;

2) *Acondicionamento:* Ato de embalar os resíduos segregados, em sacos ou recipientes que evitem vazamentos e resistam às ações punctura e ruptura;

3) *Identificação:* De acordo com a Resolução Anvisa n. 306, a classificação deve ser feita em *grupos* para devido cuidado e manuseio;

4) *Transporte interno:* Consiste no traslado dos resíduos dos pontos de geração até o local destinado ao armazenamento temporário;

5) *Armazenamento temporário:* Guarda temporária dos recipientes contendo os resíduos já acondicionados, em local próximo da geração;

6) *Tratamento preliminar:* Consiste na descontaminação dos resíduos (desinfecção ou esterilização) por meios físicos e químicos, que deve obedecer à Resolução Conama 316/2002;

7) *Armazenamento externo:* Consiste na guarda dos recipientes até a realização da etapa de coleta externa, em ambiente exclusivo com acesso facilitado para os veículos coletores;

8) *Coleta e transporte externo:* Consiste na remoção dos RSS do abrigo de resíduos (armazenamento externo) até a unidade de tratamento ou disposição final, de acordo com as normas NBR 12.810 e NBR 14652 da ABNT; e

9) *Disposição final:* Consiste na disposição final dos resíduos no solo, previamente preparado para recebê-los obedecendo à Resolução Conama n. 237/97.

CAPÍTULO 9

Coleta seletiva e cooperativas (associações) de catadores

9.1 COLETA SELETIVA

Coleta seletiva é a coleta diferenciada de resíduos que foram previamente separados segundo a sua constituição ou composição. Resíduos com características similares são selecionados pelo gerador (que pode ser o cidadão, uma empresa ou outra instituição) e disponibilizados para a coleta separadamente.

Coleta seletiva ou recolha seletiva é o termo utilizado para o recolhimento dos materiais que são possíveis de serem reciclados, previamente separados na fonte geradora. Dentre esses materiais recicláveis, podemos citar os diversos tipos de papéis, plásticos, metais e vidros.

A separação do lixo evita a contaminação dos materiais reaproveitáveis, aumentando o valor agregado desses e diminui os custos de reciclagem. Para iniciar um processo de coleta seletiva, é preciso avaliar, quantitativamente e qualitativamente, o perfil dos resíduos sólidos gerados em determinado município ou localidade, a fim de estruturar melhor o processo de coleta. O fundamento da coleta seletiva é a separação, pela população, dos materiais recicláveis (papéis, vidros, plásticos e metais) do restante do lixo.

A coleta seletiva e a reciclagem de resíduos são soluções desejáveis por permitirem a redução do volume de lixo para disposição final. A implantação da coleta seletiva pode começar com uma experiência-piloto, que vai sendo ampliada aos poucos. O primeiro passo é a realização de uma campanha informativa junto à população, convencendo-a da importância da reciclagem e orientando-a para que separe o lixo em recipientes para cada tipo de material.

É aconselhável distribuir à população, ao menos inicialmente, recipientes adequados à separação e ao armazenamento dos resíduos recicláveis nas residências (normalmente sacos de papel ou plástico).

A instalação de postos de entrega voluntária (PEV) em locais estratégicos melhora a operação da coleta seletiva em locais públicos. A mobilização da sociedade, a partir das campanhas, pode estimular iniciativas em conjuntos habitacionais, shopping centers e edifícios comerciais e públicos.

Deve-se buscar elaborar um plano de coleta, definindo equipamentos e periodicidade da coleta dos resíduos. A regularidade e eficácia no recolhimento dos materiais são importantes para que a população tenha confiança e se disponha a participar. Não vale a pena iniciar um processo de coleta seletiva se há o risco de interrompê-lo, pois a perda de credibilidade dificulta a retomada.

Finalmente, é necessária a instalação de um centro de triagem para a limpeza e separação dos resíduos e o acondicionamento para a venda do material a ser reciclado. São partes fundamentais de uma central de triagem:

- Recepção dos resíduos;
- Separação de recicláveis;
- Retirada de rejeitos;
- Prensagem e enfardamento; e
- Estocagem e comercialização.

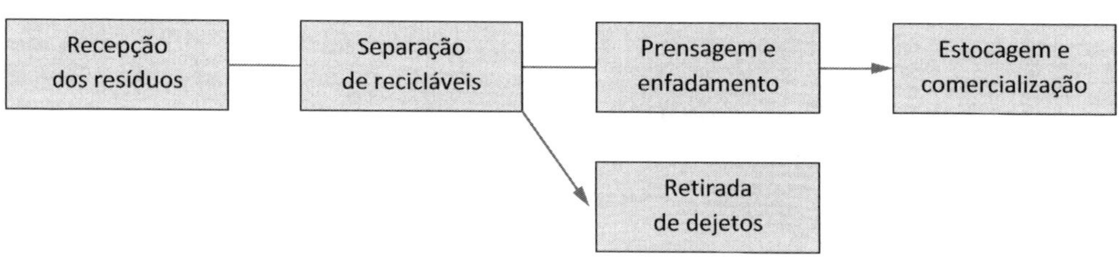

Figura 9.1 Como funciona um centro de triagem.

Fonte: adaptada de Serviço de Limpeza Urbana (SLU).

Vídeo sobre coleta seletiva:

http://livro.link/res47

A coleta seletiva é uma maneira ecologicamente recomendada às populações, pois tem a função de gerar renda, viabilizando a reciclagem. Na figura, vemos representada a composição gravimétrica média da coleta seletiva no Brasil.

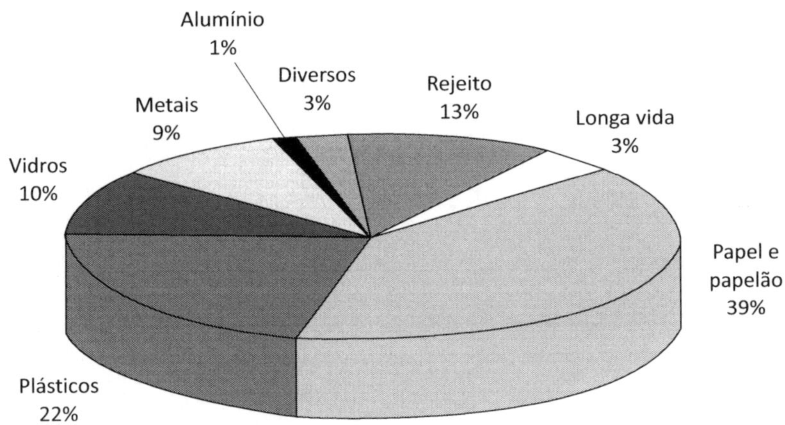

Figura 9.2 Composição da coleta seletiva de local não identificado.

Observação:

De acordo com a Política Nacional de Resíduos Sólidos, a implantação da coleta seletiva é uma obrigação dos municípios. Metas referentes à coleta seletiva fazem parte do conteúdo mínimo que deve constar nos Planos de Gestão Integrada de resíduos sólidos dos municípios.

9.1.1 CATADOR DE RESÍDUOS

Vídeo sobre catadores:

http://livro.link/res48

Tem grande importância econômica e social a figura do *catador* que atua no importante serviço de coleta dos materiais a serem trabalhados, em cooperativas, associações ou mesmo em empresas.

Figura 9.3 Catadores de resíduos sólidos.

Fonte: Wikimedia Commons (2007, 2017).

As formas mais comuns de coleta seletiva são porta a porta ou através dos Pontos de Entrega Voluntária (PEV) e Ecopontos (existentes apenas em algumas localidades), dentre outros tipos de coletas.

9.2 COLETA PORTA A PORTA

A coleta porta a porta pode ser realizada tanto pelo prestador do serviço público de limpeza e manejo dos resíduos sólidos (público ou privado) quanto por associações ou cooperativas de catadores de materiais recicláveis. Nesse processo, um caminhão, ou outro veículo, passa periodicamente em frente às residências e empresas, recolhendo os resíduos que foram separados previamente.

Figura 9.4 Caminhão de coleta de resíduos.

Fonte: iStockphoto.

9.3 PONTOS DE ENTREGA VOLUNTÁRIA (PEV)

Os pontos de entrega voluntária (PEV) consistem em locais situados estrategicamente próximos de um conjunto de residências, ou em lugares adequados de bairros, para a entrega, pelos cidadãos, dos resíduos segregados e posterior coleta pelo poder público.

9.4 ECOPONTOS

Vídeo sobre ecoponto:

http://livro.link/res49

Os ecopontos, são espaços maiores e também de entrega voluntária, que recebem apenas determinados tipos de resíduos.

As cores dos recipientes identificam a finalidade. Assim o azul é destinado a papéis e papelões, verde aos vidros etc.

9.5 OUTROS TIPOS DE COLETA

Além desses três, existem também os pontos de troca e o programa interno de coleta seletiva (PIC).

Pontos de troca: O cidadão leva seus resíduos e os trocam por algum bem. Exemplo: Leve seu óleo usado e receba sabão.

Programa interno de coleta seletiva (PIC): Em parcerias com associação de catadores de lixo, esse programa é realizado em instituições públicas ou privadas.

Observação:

Em algumas localidades, existem projetos de *coletas especiais* de resíduos como, por exemplo, de óleos usados.

9.6 COOPERATIVAS (ASSOCIAÇÕES) DE CATADORES

De acordo com a PNRS, cada município deve implementar o seu próprio Plano Municipal de Resíduos Sólidos (PMRS) e, a partir disso, colocar a operação da coleta seletiva sob responsabilidade, preferencialmente, das cooperativas de catadores. Isso ficou definido pelo Movimento Nacional dos Catadores de Materiais Recicláveis.

Um grande impulso para acelerar a formação de cooperativas foi, sem dúvida, a instituição da Política Nacional de Resíduos Sólidos (PNRS), pois ela trouxe uma abordagem de responsabilidade compartilhada para a segregação, a destinação, a disposição e o gerenciamento de resíduos sólidos e determinou a obrigatoriedade da política de logística reversa para vários setores produtivos.

A utilização de material reciclável também diminui os custos com matéria prima. Por sua vez, o baixo custo da produção reflete no custo do produto que chega ao consumidor final. Desta maneira, todos saem lucrando.

As cooperativas contribuem para a economia local, por meio da geração de renda para os cooperados, e para os empregos indiretos gerados pela compra de produtos e utilização de serviços. No âmbito ambiental, as cooperativas de coleta e reciclagem de resíduos reduzem todos os impactos ambientais negativos vinculados à má destinação dos resíduos sólidos.

As cooperativas auxiliam na extensão do ciclo de vida produtos e embalagens por meio da coleta, separação e fornecimento de matéria-prima secundária para a indústria. De forma indireta, as cooperativas também colaboram para a saúde pública, o sistema de saneamento e a diminuição da necessidade de construção de mais aterros sanitários. Além disso, contribuem para a redução da extração de recursos naturais e facilitam

Vídeo sobre cooperativa de catadores:

http://livro.link/res50

programas de logística reversa de empresas, que buscam a recuperação de produtos recicláveis.

As primeiras cooperativas e associações de coleta e reciclagem de resíduos sólidos foram formadas a partir da década de 1990, o que possibilitou novas perspectivas na relação dos grupos de catadores com o poder público. Desde então, o número de cooperativas só tem aumentado.

As cooperativas têm surgido para garantir a conquista de um interesse comum. Esse tipo de iniciativa favorece não apenas cooperados, mas também a sociedade em geral. O vínculo entre cooperativas e organizações públicas ou privadas tem se mostrado vantajoso para ambas as partes.

9.7 VALORES ENVOLVIDOS

Os valores envolvidos na implantação da coleta seletiva/reciclagem em um Município (região) são variáveis em função de, entre outros, a área de abrangência do projeto, densidade populacional e condições socioeconômicas da população envolvida.

Os custos de transporte são os principais limitantes da coleta seletiva. Distâncias superiores a 100 km entre a fonte dos resíduos e a indústria de reciclagem tendem a tornar o processo deficitário. O processamento primário dos materiais (por meio de equipamentos como prensas e trituradores) aumenta seu valor e atenua o problema.

Para a coleta, a prefeitura pode colocar caminhões com caçamba e pessoal à disposição ou contratar os serviços. Uma campanha informativa pode custar à prefeitura apenas a impressão dos folhetos e cartilhas. O sistema deve dispor de uma área para o centro de triagem.

A iniciativa privada atua na reciclagem apenas nas atividades mais lucrativas, e procurar novas formas para seu envolvimento de forma que se reduzam os gastos públicos é um desafio para as prefeituras. Tais parcerias podem ocorrer por meio do fornecimento de cartilhas, folhetos e sacos para o recolhimento do lixo, da colocação de postos de entrega, da organização da coleta seletiva no interior de edifícios e instalações comerciais, da compra de materiais reciclados ou mesmo da instalação de indústrias de reciclagem ou processamento primário, mesmo que de pequeno porte.

Parcerias com entidades da sociedade civil, por meio de campanhas de esclarecimento, instalação de postos de entrega, organização e realização da coleta e separação dos materiais, ampliam o alcance das ações e reduzem custos. Consórcios intermunicipais possibilitam economias de escala, com ações conjuntas entre prefeituras. Tão importante quanto o investimento é o papel do governo municipal como articulador junto à sociedade e outros governos. Na operação do sistema, são esperados a obtenção, em média, dos seguintes valores na venda dos reciclados.

Tabela 9.1 Valores estimados dos materiais que dependem fundamentalmente da localização

Material reciclado	Dólares por tonelada de produto (US$/ton)
Material plástico	45
Alumínio	500
Vidro	30
Papel de primeira	100
Aparas de papel	50

A coleta seletiva e reciclagem do lixo doméstico apresenta, normalmente, um custo mais elevado do que os métodos convencionais. Iniciativas comunitárias ou empresariais, entretanto, podem reduzir a zero os custos da prefeitura e produzir benefícios para as entidades ou empresas. De qualquer forma, é importante notar que o objetivo da coleta seletiva não é gerar recursos financeiros.

Os maiores beneficiados por esse sistema são o meio ambiente e a saúde da população. A reciclagem de papéis, vidros, plásticos e metais – que representam em torno de 40% do lixo doméstico – reduz a utilização dos aterros sanitários, prolongando sua vida útil. Se o programa de reciclagem contar, também, com uma usina de compostagem, os benefícios são ainda maiores. Além disso, a reciclagem implica uma redução significativa dos níveis de poluição ambiental e do desperdício de recursos naturais, por meio da economia de energia e matérias-primas. Reciclar significa repetir um ciclo. Para compreendermos a importância da reciclagem, é preciso transformar o conceito de lixo.

O lixo, quando descartado de forma correta, se transforma em matéria-prima. A reciclagem surgiu como uma maneira de inserir no sistema uma parte da matéria que se tornaria lixo e, consequentemente, contribuiria para a poluição do planeta. Quando coletada, ela é separada e processada para ser utilizada como matéria-prima na manufatura de outros materiais, os quais eram feitos anteriormente com matéria-prima virgem.

O binômio coleta seletiva-reciclagem contribui para a redução da poluição do solo, da água e do ar, melhora a qualidade de vida da população e contribui para manter a cidade limpa, aumenta a vida útil dos aterros sanitários, gera empregos, entre outras vantagens. A participação da população é a principal condição para o sucesso da coleta seletiva.

A instalação da usina de reciclagem de Vitória (ES), Brasil, em 1990, em um antigo "lixão", evitou enormes prejuízos ambientais e reuniu trabalhadores que viviam em condições sub-humanas explorados pelas "máfias do lixo", controladas por aparistas e sucateiros, dando-lhes melhores condições de trabalho e remuneração. Esse exemplo mostra a importância da reciclagem para o bem-estar da população.

CAPÍTULO 10

Planos de resíduos sólidos[1]

10.1 ABRANGÊNCIAS

Os planos de resíduos sólidos são um dos principais e mais importantes instrumentos no gerenciamento de resíduos sólidos. Consistem em instrumentos que garantem que objetivos comuns da sociedade e de corporações sejam atingidos e revistos de maneira contínua. De acordo com a Lei n. 12.305/2010 (PNRS), os planos de resíduos sólidos têm as seguintes abrangências:

1) Plano Nacional de Resíduos Sólidos (PNRS);
2) Planos Estaduais;
3) Planos Microrregionais, de Regiões Metropolitanas ou de Aglomerações Urbanas;
4) Planos Intermunicipais;
5) Planos Municipais de Gestão Integrada de Resíduos Sólidos; e
6) Planos de Gerenciamento de Resíduos Sólidos.

---

1 Grande parte deste capítulo foi baseado na Lei n. 12.305/2010. Disponível em: http://www.planalto.gov.br/ccivil_03/_ato2007-2010/2010/lei/l12305.htm. Acesso em: 5 nov. 2021.

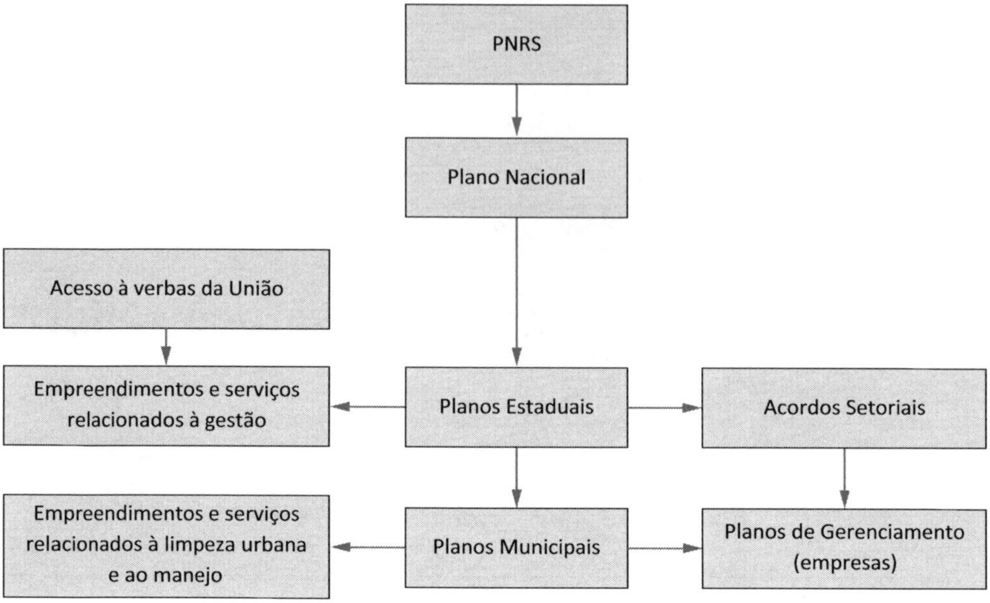

Figura 10.1 Hierarquia dos Planos de Resíduos Sólidos de acordo com a PNRS

O poder público deve elaborar o plano nacional de resíduos sólidos, os planos estaduais e regionais de resíduos sólidos e os planos municipais de gestão integrada de resíduos sólidos, assim como estabelecer a relação dos planos de resíduos sólidos com planos de saneamento básico no que se refere à limpeza pública e ao manejo de resíduos sólidos urbanos.

10.2 PLANO NACIONAL DE RESÍDUOS SÓLIDOS

Cabe à coordenação do Ministério do Meio Ambiente, no âmbito do Comitê Interministerial, elaborar o Plano Nacional de Resíduos Sólidos num amplo processo de mobilização e participação social.

> Art 15. A União deverá elaborar, sob a coordenação do Ministério do Meio Ambiente, o Plano Nacional de Resíduos Sólidos, com vigência por prazo indeterminado e horizonte de 20 (vinte) anos, a ser atualizado a cada 4 (quatro) anos (Brasil, 2010).

10.2.1 CONTEÚDO MÍNIMO DO PLANO NACIONAL DE RESÍDUOS SÓLIDOS

De acordo com a Lei n. 12.305/2010, o conteúdo mínimo para o PNRS:

I – Diagnóstico da situação atual dos resíduos sólidos;

II – Proposição de cenários, incluindo tendências internacionais e macroeconômicas;

III – Metas de redução, reutilização, reciclagem, entre outras, com vistas a reduzir a quantidade de resíduos e rejeitos encaminhados para disposição final ambientalmente adequada;

IV – Metas para o aproveitamento energético dos gases gerados nas unidades de disposição final de resíduos sólidos;

V – Metas para a eliminação e recuperação de lixões, associadas à inclusão social e à emancipação econômica de catadores de materiais reutilizáveis e recicláveis;

VI – Programas, projetos e ações para o atendimento das metas previstas;

VII – Normas e condicionantes técnicas para o acesso a recursos da União, para a obtenção de seu aval ou para o acesso a recursos administrados, direta ou indiretamente, por entidade federal, quando destinados a ações e programas de interesse dos resíduos sólidos;

VIII – Medidas para incentivar e viabilizar a gestão regionalizada dos resíduos sólidos;

IX – Diretrizes para o planejamento e demais atividades de gestão de resíduos sólidos das regiões integradas de desenvolvimento instituídas por lei complementar, bem como para as áreas de especial interesse turístico;

X – Normas e diretrizes para a disposição final de rejeitos e, quando couber, de resíduos;

XI – Meios a serem utilizados para o controle e a fiscalização, no âmbito nacional, de sua implementação e operacionalização, assegurado o controle social.

Parágrafo único. O Plano Nacional de Resíduos Sólidos será elaborado mediante processo de mobilização e participação social, incluindo a realização de audiências e consultas públicas (Brasil, 2010).

10.3 PLANOS ESTADUAIS, PLANOS MICRORREGIONAIS, DE REGIÕES METROPOLITANAS OU DE AGLOMERAÇÕES URBANAS E PLANOS INTERMUNICIPAIS

Os governos estaduais também devem desempenhar um papel de liderança no contexto da Política Nacional de Resíduos Sólidos (PNRS), por isso, tão importante tornam-se os Planos Estaduais de Resíduos Sólidos destinados a organizar e dar as diretrizes gerais de gestão para os municípios integrantes de cada Unidade Federativa.

A elaboração de Plano Estadual de resíduos sólidos, nos termos previstos pela Lei da PNRS, é condição para os Estados terem acesso a recursos da União, ou por ela controlados, destinados a empreendimentos e serviços relacionados à gestão de resíduos sólidos, ou para serem beneficiados por incentivos ou financiamentos de entidades federais de crédito ou fomento para tal finalidade.

10.3.1 CONTEÚDO MÍNIMO DOS PLANOS ESTADUAIS

O Plano Estadual de resíduos sólidos será elaborado para vigência por prazo indeterminado, abrangendo todo o território do Estado, com horizonte de atuação de 20 (vinte) anos e revisões a cada 4 (quatro) anos.

I – diagnóstico, incluída a identificação dos principais fluxos de resíduos no Estado e seus impactos socioeconômicos e ambientais;

II – proposição de cenários;

III – metas de redução, reutilização, reciclagem, entre outras, com vistas a reduzir a quantidade de resíduos e rejeitos encaminhados para disposição final ambientalmente adequada;

IV – metas para o aproveitamento energético dos gases gerados nas unidades de disposição final de resíduos sólidos;

V – metas para a eliminação e recuperação de lixões, associadas à inclusão social e à emancipação econômica de catadores de materiais reutilizáveis e recicláveis;

VI – programas, projetos e ações para o atendimento das metas previstas;

VII – normas e condicionantes técnicas para o acesso a recursos do Estado, para a obtenção de seu aval ou para o acesso de recursos administrados, direta ou indiretamente, por entidade estadual, quando destinados às ações e programas de interesse dos resíduos sólidos;

VIII – medidas para incentivar e viabilizar a gestão consorciada ou compartilhada dos resíduos sólidos;

IX – diretrizes para o planejamento e demais atividades de gestão de resíduos sólidos de regiões metropolitanas, aglomerações urbanas e microrregiões;

X – normas e diretrizes para a disposição final de rejeitos e, quando couber, de resíduos, respeitadas as disposições estabelecidas em âmbito nacional;

XI – previsão, em conformidade com os demais instrumentos de planejamento territorial, especialmente o zoneamento ecológico-econômico e o zoneamento costeiro, de:

a) zonas favoráveis para a localização de unidades de tratamento de resíduos sólidos ou de disposição final de rejeitos;

b) áreas degradadas em razão de disposição inadequada de resíduos sólidos ou rejeitos a serem objeto de recuperação ambiental;

XII - meios a serem utilizados para o controle e a fiscalização, no âmbito estadual, de sua implementação e operacionalização, assegurado o controle social.

§1º Além do Plano Estadual, os Estados também são responsáveis, quando couber, pela elaboração dos planos microrregionais de resíduos sólidos, bem como dos planos de regiões metropolitanas ou de aglomerações urbanas (Brasil, 2010).

Observação:

Serão priorizados, no acesso aos recursos da União, os Estados que instituírem microrregiões para integrar a organização, o planejamento e a execução das ações a cargo de Municípios limítrofes na gestão dos resíduos sólidos.

10.4 PLANOS MUNICIPAIS DE GESTÃO INTEGRADA DE RESÍDUOS SÓLIDOS (PMGIRS)

Vídeo sobre os planos municipais de gestão integrada de resíduos sólidos:

http://livro.link/res51

De acordo com as diretrizes da PNRS, todos os municípios brasileiros deverão estabelecer seus planos municipais de gestão integrada de resíduos sólidos considerando as diversas origens dos resíduos (Brasil, artigo 13, 2010). Esses planos devem estabelecer que o escopo de planejamento deve tratar de uma ampla variedade de resíduos sólidos:

- Domiciliares;
- De limpeza urbana;
- De estabelecimentos comerciais e prestadores de serviços;
- Dos serviços públicos de saneamento;
- Das industriais;
- De serviços de saúde;
- Da construção civil;
- Agrossilvopastoris; e
- De serviços de transportes e de mineração.

A elaboração de plano municipal de gestão integrada de resíduos sólidos, nos termos previstos na Lei n. 12.305/2010, é condição para o Distrito Federal e os Municípios terem acesso a recursos da União, ou por ela controlados.

10.4.1 CONTEÚDO MÍNIMO DOS PMGIRS

I – diagnóstico da situação dos resíduos sólidos gerados no respectivo território, contendo a origem, o volume, a caracterização dos resíduos e as formas de destinação e disposição final adotada;

II – identificação de áreas favoráveis para disposição final ambientalmente adequada de rejeitos, observado o plano diretor de que trata o § 1o do art. 182 da Constituição Federal e o zoneamento ambiental, se houver;

III – identificação das possibilidades de implantação de soluções consorciadas ou compartilhadas com outros Municípios, considerando, nos critérios de economia de escala, a proximidade dos locais estabelecidos e as formas de prevenção dos riscos ambientais;

IV – identificação dos resíduos sólidos e dos geradores sujeitos a plano de gerenciamento específico [...] a sistema de logística reversa [...], observadas as disposições desta Lei e de seu regulamento, bem como as normas estabelecidas pelos órgãos do Sisnama e do SNVS;

V – procedimentos operacionais e especificações mínimas a serem adotados nos serviços públicos de limpeza urbana e de manejo de resíduos sólidos, incluída a disposição final ambientalmente adequada dos rejeitos [...];

VI – indicadores de desempenho operacional e ambiental dos serviços públicos de limpeza urbana e de manejo de resíduos sólidos;

VII – regras para o transporte e outras etapas do gerenciamento de resíduos sólidos [...], observadas as normas estabelecidas pelos órgãos do Sisnama e do SNVS e demais disposições pertinentes da legislação federal e estadual;

VIII – definição das responsabilidades quanto à sua implementação e operacionalização, incluídas as etapas do plano de gerenciamento de resíduos sólidos [...] a cargo do poder público;

IX – programas e ações de capacitação técnica voltados para sua implementação e operacionalização;

X – programas e ações de educação ambiental que promovam a não geração, a redução, a reutilização e a reciclagem de resíduos sólidos;

XI – programas e ações para a participação dos grupos interessados, em especial das cooperativas ou outras formas de associação de catadores de materiais reutilizáveis e recicláveis formadas por pessoas físicas de baixa renda, se houver;

XII – mecanismos para a criação de fontes de negócios, emprego e renda, mediante a valorização dos resíduos sólidos;

XIII – sistema de cálculo dos custos da prestação dos serviços públicos de limpeza urbana e de manejo de resíduos sólidos, bem como a forma de cobrança desses serviços [...];

XIV – metas de redução, reutilização, coleta seletiva e reciclagem, entre outras, com vistas a reduzir a quantidade de rejeitos encaminhados para disposição final ambientalmente adequada;

XV – descrição das formas e dos limites da participação do poder público local na coleta seletiva e na logística reversa, e de outras ações relativas à responsabilidade compartilhada pelo ciclo de vida dos produtos;

XVI – meios a serem utilizados para o controle e a fiscalização, no âmbito local, da implementação e operacionalização dos planos de gerenciamento de resíduos sólidos [...] e dos sistemas de logística reversa [...];

XVII – ações preventivas e corretivas a serem praticadas, incluindo programa de monitoramento;

XVIII – identificação dos passivos ambientais relacionados aos resíduos sólidos, incluindo áreas contaminadas, e respectivas medidas saneadoras;

XIX – periodicidade de sua revisão, observado prioritariamente o período de vigência do plano plurianual municipal (Brasil, 2010).

10.4.2 ETAPAS PARA ELABORAÇÃO E VALIDAÇÃO DO PMGIRS

- *Etapa 1 Diagnóstico da gestão e gerenciamento de RS*: Levantamento bibliográfico, visitas ao local, elaboração de grupos de discussão;
- *Etapa 2 Formação de equipe técnica*: Indicação de gestores e agentes operacionais da Prefeitura Municipal e consultores;
- *Etapa 3 Treinamento para elaboração de diagnóstico*: Treinamento da equipe interna para realização de caracterizações qualitativa e quantitativa; e
- *Etapa 4 Reuniões periódicas e audiência pública para validação do Plano*: Reuniões periódicas com a equipe interna, grupos de discussão com pesquisadores e audiências públicas.

Vídeo sobre implantação de PMGIRS:

http://livro.link/res52

Exemplificando: O *PGIRS da cidade de São Paulo* estabelecido pelo Decreto n. 54.991/2014 tem como diretrizes fundamentais:

> a não geração, redução, reutilização, reciclagem, tratamento dos resíduos e disposição final ambientalmente adequada dos rejeitos, materiais que não apresentam nenhuma possibilidade de reaproveitamento (São Paulo, 2014, p. 7).

Tem também como meta a valorização dos resíduos e a segregação nas fontes geradoras (São Paulo, 2014). Entre outras ponderações, considera fundamental a implementação de um Plano Municipal de Educação Ambiental para a conscientização da não geração, orientando a população e grandes geradores a respeito da reutilização e da reciclagem dos resíduos.

Observação:

1) Para Municípios com menos de 20 mil habitantes (apurado com base no censo mais recente do IBGE), o plano municipal de gestão integrada de resíduos sólidos terá conteúdo simplificado, na forma do regulamento;
2) De acordo com a PNRS, o gerador é sempre responsável pelos seus resíduos; e
3) Existe disponível na internet, para exemplificar, o Plano de Gerenciamento Integrado de Resíduos Sólidos do Município de São Sebastião – SP Faber Serviços Ltda. PRESS.

10.5 PLANO DE GERENCIAMENTO DE RESÍDUOS SÓLIDOS (PGRS)

Os Planos de Gerenciamento de Resíduos Sólidos, de acordo com a PNRS, devem ser elaborados por atividades geradoras de resíduos sólidos em que o gerador seja responsável pela gestão, conforme tipologia de resíduos, a saber:

- Resíduos dos serviços públicos de saneamento básico;
- Resíduos industriais;
- Resíduos de serviços de saúde;
- Resíduos de mineração;
- Estabelecimentos comerciais e de prestação de serviços (atividades geradoras de resíduos perigosos ou não perigosos, por sua natureza, composição ou volume, não devem ser equiparadas aos resíduos domiciliares pelo Poder Público Municipal);
- Empresas de construção civil;
- Empresas responsáveis pela gestão de portos, aeroportos, terminais alfandegários, rodoviários e ferroviários e passagens de fronteiras;
- Empresas responsáveis pela gestão de atividades agrossilvopastoris; e
- Empreendimento ou atividade que gere ou opere com resíduos perigosos.

Resumindo, os PGRS competem ao âmbito empresarial e sua elaboração, implantação e operacionalização devem possuir sinergia com sistemas de gestão de qualidade da empresa.

É um documento técnico que identifica a tipologia e a quantidade de geração de cada tipo de resíduo e indica as formas ambientais corretas para manejo nas etapas de geração, acondicionamento, transporte, transbordo, reciclagem, destinação e disposição final.

Os planos de gerenciamento de resíduos sólidos devem abranger o ciclo que se inicia desde a geração do resíduo, com a identificação do ente gerador, até a disposição final ambientalmente adequada dos rejeitos, passando pela responsabilização do setor público, titular ou concessionário, do consumidor, do cidadão e do setor privado na adoção de soluções que minimizem ou ponham fim aos efeitos negativos para a saúde pública e para o meio ambiente em cada fase do "ciclo de vida" dos produtos.

O Plano de Gerenciamento de Resíduos Sólidos (PGRS) é um documento com valor jurídico, exigido pelo órgão ambiental responsável. Simplificando, é o manual que contém as instruções sobre o que fazer com o resíduo sólido gerado. O PGRS faz parte do processo de licenciamento ambiental para atividades potencialmente poluidoras e é estabelecido pela Política Nacional de Resíduos Sólidos (PNRS).

10.5.1 TÓPICOS DOS PGRS

O Plano de Gerenciamento de Resíduos Sólidos (PGRS) define o que fazer com o resíduo gerado, através dos seguintes tópicos:

- Identificação do gerador;
- Apresentação e objetivos;
- Tipo e classificação dos resíduos;
- Quantidade de resíduos;
- Treinamento;
- Coleta, armazenamento e transporte;
- Destinação final;
- Saúde e segurança ocupacional; e
- Responsáveis pela empresa e pela elaboração do plano.

Vídeo sobre elaboração de Planos de Gerenciamento de Resíduos Sólidos:

http://livro.link/res53

10.5.2 CONTEÚDO MÍNIMO DOS PGRS

Art. 21 O plano de gerenciamento de resíduos sólidos (PGRS) tem o seguinte conteúdo mínimo:

I – descrição do empreendimento ou atividade;

II – diagnóstico dos resíduos sólidos gerados ou administrados, contendo a origem, o volume e a caracterização dos resíduos, incluindo os passivos ambientais a eles relacionados;

III – observadas as normas estabelecidas pelos órgãos do Sisnama, do SNVS e do Suasa e, se houver, o plano municipal de gestão integrada de resíduos sólidos:

a) explicitação dos responsáveis por cada etapa do gerenciamento de resíduos sólidos;

b) definição dos procedimentos operacionais relativos às etapas do gerenciamento de resíduos sólidos sob responsabilidade do gerador;

IV – identificação das soluções consorciadas ou compartilhadas com outros geradores;

V – ações preventivas e corretivas a serem executadas em situações de gerenciamento incorreto ou acidentes;

VI – metas e procedimentos relacionados à minimização da geração de resíduos sólidos e, observadas as normas estabelecidas pelos órgãos do Sisnama, do SNVS e do Suasa, à reutilização e reciclagem;

VII – se couber, ações relativas à responsabilidade compartilhada pelo ciclo de vida dos produtos [...];

VIII – medidas saneadoras dos passivos ambientais relacionados aos resíduos sólidos;

IX – periodicidade de sua revisão, observado, se couber, o prazo de vigência da respectiva licença de operação a cargo dos órgãos do Sisnama.

§1 O plano de gerenciamento de resíduos sólidos atenderá ao disposto no plano municipal de gestão integrada de resíduos sólidos do respectivo Município, sem prejuízo das normas estabelecidas pelos órgãos do Sisnama, do SNVS e do Suasa (Brasil, 2010).

10.5.3 RESPONSÁVEIS PELA ELABORAÇÃO DOS PGRS

Conforme a Lei n. 12.305/2010, são responsáveis pela elaboração de um plano de gerenciamento de resíduos:

- Geradores de resíduos de mineração;
- Geradores de resíduos de serviço de saúde;
- Geradores de resíduos de serviços públicos de saneamento básico;
- Geradores de resíduos industriais;
- Empresas de construção civil;
- Estabelecimentos comerciais que gerem resíduos perigosos e não perigosos, mas que não se enquadrem como resíduos domiciliares;
- Geradores de resíduos de portos, aeroportos, rodoviárias, alfândega etc.;
- Atividades agrossilvopastoris; e
- Conforme exigência do órgão ambiental ou de vigilância sanitária.

O PGRS também é importante do ponto de vista estratégico. A empresa que tem todos seus processos organizados e sob controle tem um leque muito maior de atuação além da possibilidade de reduzir gastos, pois, por meio da caracterização do resíduo gerado, é possível reduzir identificar formas de aprimorar seus processos.

Observações:

1) Para a elaboração, implementação, operacionalização e monitoramento de todas as etapas do plano de gerenciamento de resíduos sólidos, nelas incluído o controle da disposição final ambientalmente adequada dos rejeitos, será designado responsável técnico devidamente habilitado; e
2) Para a destinação apropriada dos resíduos gerados por um empreendimento, é importante que seja realizada a caracterização e devida separação de cada tipo de resíduo, de acordo com sua classificação.

10.6 PLANOS DE RESÍDUOS SÓLIDOS: VIGÊNCIAS, HORIZONTES DE ATUAÇÃO E PRAZOS PARA ATUALIZAÇÃO OU REVISÃO

Quadro 10.1 Planos de resíduos sólidos e prazos

<table>
<tr><th colspan="5">Prazos</th></tr>
<tr><th>Esfera</th><th>Plano</th><th>Vigência</th><th>Horizonte de Atuação</th><th>Atualização ou Revisão</th></tr>
<tr><td>Federal</td><td>Plano Nacional de Resíduos Sólidos</td><td>Indeterminado</td><td>20 anos</td><td>A cada 4 anos (previsão)</td></tr>
<tr><td rowspan="3">Estadual</td><td>Plano Estadual de Resíduos Sólidos</td><td rowspan="3">Indeterminado</td><td rowspan="3">20 anos</td><td rowspan="3">A cada 4 anos (previsão)</td></tr>
<tr><td>Plano Microrregional de Resíduos Sólidos</td></tr>
<tr><td>Plano de Resíduos Sólidos de Regiões Metropolitanas ou Aglomerações Urbanas</td></tr>
</table>

(*continua*)

Quadro 10.1 Planos de resíduos sólidos e prazos (*continuação*)

Prazos				
Esfera	**Plano**	**Vigência**	**Horizonte de Atuação**	**Atualização ou Revisão**
Municipal	Plano Municipal de Gestão Integrada de Resíduos Sólidos Plano Intermunicipal de Resíduos Sólidos *Municípios com menos de 20 mil habitantes poderão adotar planos simplificados de gestão de resíduos sólidos.*	Indeterminado	20 anos	Prioritariamente, no máximo a cada 4 anos, junto com a revisão do plano plurianual. *Esta exigência, para o âmbito local, faz do PGIRS uma peça viva, que se reinventa a cada nova discussão pública, renovando o repertório de conhecimento sobre o assunto por parte da comunidade; incorporando novas tecnologias nos processos de gestão, manejo, processamento e destinação final; incorporando novos procedimentos e descartando os que já não mais se mostrem eficientes ou viáveis.*

Fonte: Política Nacional de Resíduos Sólidos (BRASIL, 2010).

10.7 GRANDES GERADORES DE RESÍDUOS SÓLIDOS

Em acordo com a Política Nacional de Resíduos Sólidos, são considerados grandes geradores os proprietários, possuidores ou titulares de estabelecimentos de prestação de serviços, comerciais, industriais, instituições e promotores de eventos, entre outros, que geram mais de 200 litros diários de resíduos sólidos.

Os resíduos gerados por eles devem ser caracterizados como não perigosos e não inertes, que, em razão de sua natureza, composição ou volume, não se equiparam aos resíduos sólidos domiciliares. Além das empresas, estão incluídos no cumprimento da lei os eventos que gerarem mais de 200 litros de resíduos sólidos. Ficam isentos da nova regra os condomínios residenciais, pois produzem apenas resíduos domiciliar.

Trata-se de uma exigência que atende preceitos da Política Nacional de Resíduos Sólidos e desonera o poder público de custos e ações inerentes aos empreendimentos privados, que geram resíduos em quantidade superior a um determinado volume diário.

Os grandes geradores são responsáveis pela implementação e operacionalização integral do plano de gerenciamento de resíduos sólidos aprovado pelo órgão competente e são responsáveis pelo custeio total do tratamento e disposição final dos resíduos. É vedado aos grandes geradores a disposição dos resíduos nos locais próprios da coleta de resíduos domiciliares ou de serviços de saúde, bem como em qualquer área pública, incluindo passeios e sistema viário. Os grandes geradores devem contratar prestadores de serviços de resíduos sólidos devidamente cadastrados nas Prefeituras onde atuam.

Vídeo sobre grandes geradores de resíduos sólidos:

http://livro.link/res54

A contratação de serviços de coleta, armazenamento, transporte, transbordo, tratamento ou destinação final de resíduos sólidos, ou de disposição final de rejeitos, não isenta as pessoas físicas ou jurídicas da responsabilidade por danos que vierem a ser provocados pelo gerenciamento inadequado dos respectivos resíduos ou rejeitos. Os municípios têm autonomia para legislar sobre a questão dos grandes geradores de resíduos sólidos.

No caso do município de São Paulo, a Lei n. 13.478/2002 estabelece em seu artigo 141 as normas referentes ao tema.

CAPÍTULO 11

Environmental, Social and Governance (ESG)

11.1 O QUE É O ESG

Environmental, Social and Governance (ESG), que em português é traduzido como Ambiental, Social e Governança (ASG), no entanto a sigla em inglês é mais comumente utilizada, é um conjunto de boas práticas que devem ser implementadas por organizações, visando não apenas comprovar sua solidez e assegurar o crescimento sustentável, mas também evidenciar a preocupação com o meio ambiente e o bem-estar social.

Em 2004, a publicação *Who Cares Wins* (em português: "Quem se importa ganha"), envolvendo o Pacto Global, a ONU e o Banco Mundial tornou-se um filtro na hora de tomar decisões em suas governanças corporativas. Esse movimento revolucionou o mundo dos investimentos, com ênfase na crescente busca por companhias que trabalham em prol de um futuro melhor.

O conjunto de práticas ESG se refere a uma avaliação da consciência coletiva de uma empresa em relação aos fatores sociais e ambientais e pode ser considerado um conjunto de padrões e boas práticas que visa definir se a operação de uma empresa é socialmente consciente, sustentável e corretamente gerenciada.

O que é ESG?:

http://livro.link/res55

11.2 VISÕES DO ESG

11.2.1 VISÃO AMBIENTAL (ENVIRONMENTAL)

São métricas ambientais que contribuem para demonstrar o nível de comprometimento organizacional com a minimização dos impactos ao meio ambiente e as devidas compensações:

- A gestão de resíduos;
- O uso de fontes de energia renováveis pela empresa;
- O posicionamento da empresa em relação às questões de mudanças climáticas;
- Os processos dedicados a reduzir ou eliminar a poluição do ar ou da água decorrentes de suas operações;
- A logística reversa de produtos; e
- A política de negociação com fornecedores.

11.2.2 VISÃO SOCIAL

É o compromisso de cuidar das pessoas que integram os públicos de interesse, sem se esquecer dos funcionários e da comunidade do entorno. São exemplos disso:

- Empresas procurando impulsionar a promoção da diversidade e da igualdade racial e de gênero;
- Empresas prezando o bem-estar dos funcionários, como o salário do funcionário ser justo em relação aos praticados dentro da empresa e também em relação ao mercado;
- Plano de previdência para os funcionários da empresa;
- Avaliação do nível de envolvimento dos funcionários com a gestão da empresa;
- Benefícios e vantagens oferecidos aos funcionários, além do salário;
- Posição pública ou política assumida pela empresa sobre questões de direitos humanos;
- Estruturação de um programa de treinamento, qualificação e desenvolvimento dos colaboradores;
- Política corporativa, clara e que incentive a diversidade, a inclusão e que busque prevenir qualquer tipo de assédio; e
- Declaração de missão da organização.

11.2.3 VISÃO GOVERNANÇA (*CORPORATE GOVERNANCE*)

Foca em como uma empresa é administrada pelos gestores e diretores. Está relacionada à governança corporativa, que envolve a gestão de riscos e o *compliance* (conformidade), para evitar as ocorrências de fraude e corrupção, o que pode prejudicar os investimentos e as reputações organizacionais. Essa visão envolve:

- Transparência financeira e contábil;
- Gestão de riscos;
- Relatórios financeiros completos e honestos;
- Remuneração dos acionistas;
- Independência, equidade e diversidade nos conselhos; e
- Integridade e práticas anticorrupção.

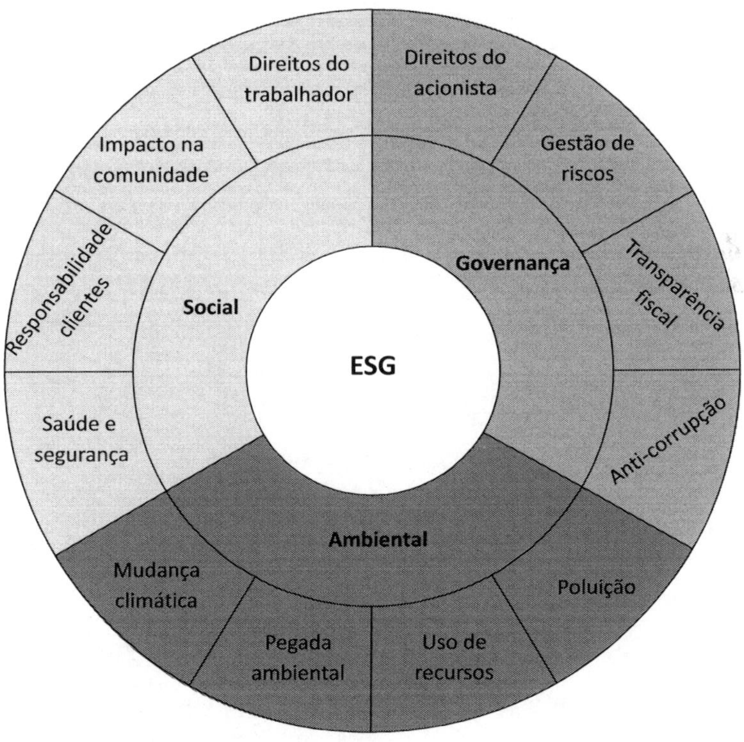

Figura 11.1 Visões do ESG.

11.3 INVESTIMENTOS ESG

Nos últimos anos, a sustentabilidade deixou de ser uma simples tendência para se tornar uma preocupação de grandes empresas. Nesse sentido, cada vez mais consumidores têm valorizado as iniciativas no ramo, e isso inclui o setor de investimentos.

Um investimento ESG é um investimento que faz referência aos fundos que investem em empresas com critérios ambientais, sociais e de governança aplicados em suas práticas, qualquer negócio que promova sustentabilidade empresarial. Os investimentos ESG funcionam como via de mão dupla no mercado financeiro.

Um exemplo da dimensão que o ESG vem tomando pode ser demonstrado em números. De acordo com a *Forbes*, existem mais de 500 fundos de índice focados em sustentabilidade apenas nos Estados Unidos, com mais de 250 bilhões de dólares em ativos. Impulsionada, em especial, pela pandemia da covid-19, estima-se ainda que, mundialmente, os ativos globais em fundos ESG ultrapassem 53 trilhões de dólares até 2022. Por esse motivo, os fundos ESG também podem ser chamados de fundos verdes ou *green bonds*, que se destacaram a partir de 2007.

Ao contrário do que algumas pessoas podem imaginar, a sustentabilidade e outros princípios socioculturais geram cada vez mais potencial de retorno, tanto para investidores quanto para as empresas beneficiadas pelos aportes. Nesse caso, devem se guiar por três principais requisitos:

1) *Requisitos ambientais*: levam em conta os impactos causados no meio ambiente pela empresa e a forma com que ela desempenha a gestão de resíduos e recursos, por meio da reciclagem, por exemplo;
2) *Requisitos sociais*: algumas iniciativas e práticas que fazem parte desse critério incluem remuneração justa, inclusão social e respeito à diversidade; e
3) *Requisitos de governança*: aqui, é avaliado o desempenho da empresa em relação a valores como transparência, responsabilidade corporativa, entre outros.

11.4 INVESTIMENTOS ESG NO BRASIL

No Brasil, o ESG ainda não é uma unanimidade e não tem a mesma relevância que na Europa, por exemplo. No entanto, o cenário é positivo e o tema cada vez mais ganha tração entre os gestores de ativos brasileiros. Há uma demanda no mercado por aplicações mais responsáveis que vem servindo como estímulo para o aprimoramento e o desenvolvimento de boas práticas no mercado.

As principais empresas que atuam no Brasil com a cultura ESG são:

- Santander: em termos de governança, os processos, as políticas e as condutas têm como base a transparência e os direitos de acionistas, uma vez que as ações são negociadas nas bolsas de valores como BM&F Bovespa (São Paulo/Brasil) e NYSE (Nova Iorque/Estados Unidos);
- Natura: tem como desafio gerar impactos positivos com suas atividades, o que inclui compensar emissões de carbono (com plantio de árvores e recuperação de nascentes), além de pesquisar novos usos para materiais que seriam descartados e outros projetos; e

- Itaú: no *Relatório Anual Integrado 2019*, o banco dispõe de uma seção dedicada aos temas do ESG.

A Bolsa de valores de São Paulo (B3) dispõe de seis índices de sustentabilidade.

- Índice de Sustentabilidade Empresarial (ISE);
- Índice de Carbono Eficiente (ICO2);
- Índice de Ações com Governança Corporativa Diferenciada (IGC);
- Índice de Governança Corporativa Trade (IGCT);
- Índice de Governança Corporativa – Novo Mercado (IGC-NM); e
- Índice de Ações com Tag Along Diferenciado (ITAG).

Os principais sinais da evolução dos Fundos ESG (*Green Bonds*) no Brasil são:

- Discussões em redes sociais sobre o tema ESG (cresceram seis vezes de 2019 para 2020);
- Dentre os segmentos analisados, apenas o setor de moda e beleza elenca política de equidade LGBTQIA+ na terceira posição de iniciativas de impactos sociais;
- Os cinco setores mais vinculados à discussão sobre ESG em 2020 foram, nesta ordem: financeiro, óleo e gás, alimentos e bebidas, agronegócio e varejo;
- Nos setores mais engajados, destacam-se as empresas XP Investimentos, BTG, Pactual, Braskem, Shell, Nestlé, Ambev, BRF e Magalu; e
- O Agronegócio foi o setor com mais familiaridade com a sigla ESG no aprofundamento da pesquisa qualitativa.

Referências

AGÊNCIA BRASIL. Líderes mundiais se reúnem na ONU para formalizar metas de desenvolvimento. 25 set. 2015. Disponível em: https://agenciabrasil.ebc.com.br/politica/noticia/2015-09/lideres-mundiais-se-reunem-na-onu-para-formalizar-metas-de-desenvolvimento. Acesso em: 5 nov. 2021.

ASSOCIAÇÃO BRASILEIRA DE NORMAS TÉCNICAS. *ABNT ISO 14001*: environmental management systems – requirements with guidance for use. Brasil: ABNT, 2015.

ASSOCIAÇÃO BRASILEIRA DE NORMAS TÉCNICAS.*ABNT NBR* 12810: resíduos de serviços de saúde – gerenciamento extraestabelecimento – requisitos. Brasil: ABNT, 2016.

ASSOCIAÇÃO BRASILEIRA DE NORMAS TÉCNICAS. *ABNT NBR* 14652: implementos rodoviários – coletor transportador de resíduos de serviços de saúde – requisitos de construção e inspeção. Brasil: ABNT, 2019.

ABRELPE. *Associação Brasileira de Empresas de Limpeza Pública e Resíduos Especiais.* Disponível em: https://abrelpe.org.br/. Acesso em: 30/05/2021.

BARTHOLOMEU SILVA, T. *Resíduos Sólidos – Lei nº 12.305/2010- Política Nacional de Resíduos Sólidos.* 1ª ed. São Paulo: Editora Nova Onda, 2016.

BARROS, R. M. *Tratado sobre Resíduos Sólidos:* Gestão Uso e Sustentabilidade. 1ª ed. Rio de Janeiro: Editora Interciência, 2013.

BESEN, G.R.; JACOBI, P.R.; FREITAS, L. *Política Nacional de Resíduos Sólidos*: Implementação e Monitoramento de Resíduos Urbanos. São Paulo: IEE/USP; OPNRS, 2017.

BRASIL. Constituição. *Constituição da República Federativa do Brasil*. Brasília, DF: Senado Federal: Centro gráfico, 1988.

BRASIL. *Lei nº 12.305, de 2 de Agosto de 2010*: Política Nacional de Resíduos Sólidos. Brasília: DF, Casa Civil, 2010. Disponível em: http://www.planalto.gov.br/ccivil_03/_ato2007-2010/2010/lei/l12305.htm. Acesso em 30/05/2021.

BRASIL. *Lei nº 14026, de 15 de Julho de 2020.* Atualiza o marco legal do saneamento básico. Brasília: DF, Casa Civil, 2020. Disponível em: http://www.planalto.gov.br/ccivil_03/_ato2019-2022/2020/lei/l14026.htm. Acesso em 30/05/2021.

BRASIL. *Lei nº 11445, de 5 de Janeiro de 2007.* Estabelece as diretrizes nacionais para o saneamento básico. Brasília: DF, Casa Civil, 2007. Disponível em: http://www.planalto.gov.br/ccivil_03/_ato2007-2010/2007/lei/l11445.htm. Acesso em 30/05/2021.

BRASIL. *Lei nº 9433, de 8 de janeiro de 1997.* Institui a Política Nacional de Recursos Hídricos. Brasília: DF, Casa Civil, 1997a. Disponível em: http://www.planalto.gov.br/ccivil_03/leis/l9433.htm. Acesso em 30/05/2021.

BRASIL. *Lei nº 9605, de 12 de Fevereiro de 1998.* Dispõe sobre as sanções penais e administrativas derivadas de condutas e atividades lesivas ao meio ambiente, e dá outras providências. Brasília: DF, Casa Civil, 1998. Disponível em: http://www.planalto.gov.br/ccivil_03/leis/l9605.htm. Acesso em 30/05/2021.

BRASIL. *Instrução normativa nº 13*. IBAMA. Brasília, DF: Diário Oficial da União, 2012.

BRASIL. *Lei nº 6938, de 31 de Agosto de 1981.* Dispõe sobre a Política Nacional do Meio Ambiente, seus fins e mecanismos de formulação de aplicação. Brasília: DF, Casa Civil, 1981. Disponível em: http://www.planalto.gov.br/ccivil_03/leis/l6938.htm. Acesso em 30/05/2021.

BRASIL. *Decreto nº 99274 de 6 de Junho de 1990.* Regulamenta a Lei nº 6.902, de 27 de abril de 1981, e a Lei nº 6.938, de 31 de agosto de 1981, que dispõem, respectivamente sobre a criação de Estações Ecológicas e Áreas de Proteção Ambiental e sobre a Política Nacional do Meio Ambiente, e dá outras providências. Brasília: DF, Casa Civil, 1990. Disponível em: http://www.planalto.gov.br/ccivil_03/decreto/antigos/d99274.htm. Acesso em 30/05/2021.

BRASIL. *Resolução Conama nº 401.* Estabelece os limites máximos de chumbo, cádmio e mercúrio para pilhas e baterias comercializadas no território nacional e os critérios e padrões para o seu gerenciamento ambientalmente adequado, e dá outras providências. Diário Oficial da União: nº 215. Brasília: DF, 2008.

BRASIL. *Resolução Conama nº 001.* Diário Oficial da União. Brasília: DF, 1986.

BRASIL. *Resolução Conama nº 313.* Dispõe sobre o Inventário Nacional de Resíduos Sólidos Industriais. Diário Oficial da União: nº 226. Brasília: DF, 2002a.

BRASIL. *Resolução Conama nº 237.* Brasília: DF, 1997b.

BRASIL. *Resolução Conama nº 316.* Dispõe sobre procedimentos e critérios para o funcionamento de sistemas de tratamento térmico de resíduos. Diário Oficial da União: nº 224. Brasília: DF, 2002b.

CAROLINE, P.; GOMES, G. *Gestão Integrada de Resíduos Sólidos:* Uma Aplicação Prática. Curitiba: Editora Appris, 2020.

CARVALHO, P.M.T. *Responsabilidade Civil e Poluição por Resíduos Sólidos.* 1ª ed. Petrópolis: Editora KBR, 2015.

DCGCTA/IEE/USP. Plataforma de Indicadores de Sustentabilidade da Coleta Seletiva. Disponível em: http://paineira.usp.br/pics/?q=bem-vindo. Acesso em 30/05/2021.

IBAMA. *Relatório Pneumáticos 2016:* Resolução Conama n. 416/09. Brasília, DF, 2016. Disponível em: http://www.ibama.gov.br/phocadownload/pneus/relatoriopneumaticos/ibama-relatorio-pneumaticos-2016.pdf. Acesso em: 5 nov. 2021.

IGLECIAS, P.F.L. *Resíduos Sólidos e Responsabilidade Civil Pós-consumo.* São Paulo: Editora Revista dos Tribunais, 2012.

JARDIM, A.; YOSHIDA, C.; MACHADO FILHO, J.V. *Política Nacional, Gestão e Gerenciamento de Resíduos Sólidos.* 1ª ed. Barueri: Manole, 2012.

NASCIMENTO NETO, P. *Resíduos Sólidos Urbanos:* Perspectivas de Gestão Intermunicipal em Regiões Metropolitanas. 1ª ed. São Paulo: Editora Atlas, 2013.

SÃO PAULO. *Lei nº 13478, de 30 de Dezembro de 2002.* Dispõe sobre a organização do Sistema de Limpeza Urbana do Município de São Paulo. São Paulo: Câmara Municipal, 2002.

SÃO PAULO. *Decreto nº 54991 de 2 de Abril de 2014.* Aprova as alterações e consolida o Plano de Gestão Integrada de Resíduos Sólidos do Município de São Paulo (2014/2033). São Paulo: Câmara Municipal, 2014.

SCHALCH, W. et.al. *Resíduos Sólidos.* 1ª ed. Rio de Janeiro: Elservier, 2019.

SILVA FILHO, C.R.; SOLER, F.D. *Gestão de Resíduos Sólidos – O que diz a lei.* 3ª ed. São Paulo: Editora Trevisan, 2015.

VIANA, E; SILVEIRA, A.I.; MARINHO, G. *Caracterização dos Resíduos Sólidos*: Uma abordagem metodológica e propositiva. 1ª ed. Editora Biblioteca 24 Horas, 2015.

WADMAN, Maurício. *Falando sobre lixo.* 1ª ed. São Paulo: Editora Kotev, 2016.

WIKIMEDIA COMMONS. *Catador de papel*. Foto: Antônio Cruz/ABr.2007. https://commons.wikimedia.org/wiki/File:Catador_de_papel.jpg. Acesso em: 5 nov. 2021.

WIKIMEDIA COMMONS.*Bento Rodrigues, Mariana, Minas Gerais*. Foto: Rogério Alves/TV Senado. 2015. Disponível em: https://commons.wikimedia.org/wiki/File:Bento_Rodrigues,_Mariana,_Minas_Gerais_(22828956680).jpg. Acesso em: 5 nov. 2021.

WIKIMEDIA COMMONS. *Fotos produzidas pelo Senado*. Foto: Leopoldo Silva/Agência Senado. 2017. Disponível em: https://commons.wikimedia.org/wiki/File:Fotos_produzidas_pelo_Senado_(34680398603).jpg. Acesso em: 5 nov. 2021.

Anexo

MODELO DE TERMO DE COMPROMISSO

No CNPJ neste ato representado por ...., e a ASSOCIAÇÃO ....inscrita no CNPJ nº Município, ...neste ato representada por........, a seguir denominadas UNIVERSIDADE e ASSOCIAÇÃO, resolvem celebrar o presente Termo de Compromisso, mediante as cláusulas e as condições seguintes:

1. CLÁUSULA PRIMEIRA – DO OBJETO E DA VIGÊNCIA

1.1. O presente Termo de Compromisso tem por objeto a coleta dos resíduos recicláveis descartados no Campus, na cidade RRRRR, para fins de reciclagem. A coleta dos resíduos será realizada no mínimo 02 (duas) vezes por semana, sendo que a Associação ficará responsável pela coleta durante 01 (uma) semana por mês, com rodízio nos meses subsequentes.

1.2. As demais condições e obrigações dos serviços aqui contratados constam em **anexo** independente de transcrição.

1.3. A vigência do presente Termo será pelo prazo de .... anos, iniciando-se na data de ....

2. CLÁUSULA SEGUNDA – DAS ALTERAÇÕES

2.1. As cláusulas e condições do Termo de Compromisso poderão ser modificadas, exceto quanto à natureza de seu objeto, mediante termo aditivo, por ato unilateral da Administração, caso se trate de motivo de interesse público, ou de comum acordo entre as partes.

3. CLÁUSULA TERCEIRA – DOS RECURSOS FINANCEIROS

3.1. A execução do presente Termo de Compromisso não ensejará qualquer transferência de recursos financeiros entre as partes, sendo que a consecução das ações previstas correrá as custas de cada uma, na medida de suas obrigações.

4. CLÁUSULA QUARTA – MEDIDAS ACAUTELADORAS

4.1. Consoante ...., a Administração Pública poderá motivadamente adotar providências acauteladoras, inclusive determinando a suspensão temporária da coleta, como forma de prevenir a ocorrência de dano de difícil ou impossível reparação.

5. CLÁUSULA QUINTA – DA RESCISÃO

5.1. O presente Termo de Compromisso poderá ser rescindido a qualquer tempo:

5.1.1. Por interesse de qualquer uma das partes, mediante comunicação formal, com aviso prévio de, no mínimo, 30 (trinta) dias;

5.1.2. Por inadimplemento de qualquer das obrigações por parte da associação ou cooperativa ou do órgão;

5.1.3. Na ocorrência de caso fortuito ou força maior regularmente comprovado, impeditiva da execução do Termo de Compromisso.

5.2. Os casos de rescisão serão formalmente motivados nos autos, assegurado o contraditório e a ampla defesa

5.3. Em caso de rescisão, a Comissão poderá convocar outra associação ou cooperativa, dentre as habilitadas, para assumir a continuidade da coleta dos resíduos recicláveis descartados, ou dar início a novo procedimento de habilitação.

6. CLÁUSULA SEXTA- DO FORO

6.1. Para dirimir qualquer questão, a respeito da presente contratação, o foro competente será a Justiça Federal, na cidade de ....

E assim, por estarem de acordo, ajustados e contratados, após lido e achado conforme, as partes a seguir firmam o presente Termo de Compromisso em 02 (duas) vias, de igual teor e forma, para os fins legais.

Local, ... de .... de 20.........

______________________ ______________________ Pela UNIVERSIDADE

____ Pela Associação

Testemunha 1: ______________________________

Testemunha 2: ______________________________

ANEXO AO TERMO DE COMPROMISSO

DAS CONDIÇÕES E OBRIGAÇÕES DOS SERVIÇOS CONTRATADOS

O presente Termo de compromisso tem por objeto a coleta dos resíduos recicláveis descartados no ....na cidade de ...., para fins de reciclagem, detalhados a seguir:
1. DEFINIÇÃO DOS SERVIÇOS

1.1. COLETA DE RESÍDUOS SÓLIDOS RECICLÁVEIS – (coleta seletiva) É a coleta de resíduos sólidos previamente segregados conforme sua constituição ou composição (Lei 12305/2010 – Política Nacional de Resíduos Sólidos).

1.2 COLETA SELETIVA SOLIDÁRIA É a coleta dos resíduos recicláveis descartados, separados na fonte geradora, para destinação às associações e cooperativas de catadores de materiais recicláveis (Decreto 5940/2006, art. 2º).

1.3 RESÍDUOS RECICLÁVEIS DESCARTADOS São materiais passíveis de retorno ao seu ciclo produtivo, rejeitados pelos órgãos e entidades da administração pública federal direita e indireta

Para fins deste Termo, entende-se por resíduos recicláveis todos os bens descartados passíveis de aproveitamento como matéria-prima na produção de outros bens, separados pelos geradores na origem, tais como:

a) METAIS; b) PAPÉIS: c) PLÁSTICOS; d) VIDROS: embalagens não contaminadas e outros do gênero;

2. LOCAL DOS SERVIÇOS

2.1. COLETA SELETIVA SOLIDÁRIA

A Associação deverá disponibilizar uma equipe no mínimo duas vezes na semana de segunda a sexta, em dias intercalados a serem fixados na assinatura do termo de compromisso das 8 h às 17 h. A frequência e horários de coleta poderão ser modificados no período da vigência do Termo a entrega ....

3. METODOLOGIA DE TRABALHO

3.1 COLETA SELETIVA A coleta e o transporte de resíduos sólidos recicláveis serão realizados com a utilização de 01 caminhão tipo baú de médio porte.

3.2 DESTINAÇÃO DOS RESÍDUOS RECICLÁVEIS Os resíduos sólidos recicláveis coletados pela Associação serão encaminhados à respectiva sede a qual pertence para a devida seleção e posterior encaminhamento à comercialização dos resíduos

4. ESTRUTURA DE PESSOAL

4.1 COLETA SELETIVA

A Associação deverá necessariamente ter a seguinte estrutura de pessoal, ...

5. MÁQUINAS E EQUIPAMENTOS

5.1 COLETA SELETIVA Para a execução dos serviços de coleta seletiva solidária, pertinentes a este Termo de Compromisso, a Associação deverá dispor, no mínimo, dos equipamentos abaixo relacionados, podendo ser próprio ou locado: ......

6. UNIFORMES E EQUIPAMENTOS DE PROTEÇÃO INDIVIDUAL

A Associação deverá fornecer gratuitamente aos seus coletores no mínimo os seguintes uniformes EPI's (Equipamentos de Proteção Individual), de acordo com a Norma Regulamentadora - NR 06 - Equipamento de Proteção Individual - EPI:

6.1 UNIFORMES DOS COLETORES: ....

6.2 UNIFORMES DOS MOTORISTAS: ''''''''

6.3 UNIFORMES DOS SELECIONADORES: CAMISA ....

LUVAS DE PROTEÇÃO (algodão revestida com látex ou similar, maleável, impermeável e resistente a cortes e perfurações) – 04 PARES POR ANO POR SELECIONADOR MÁSCARA PARA POEIRAS – 06 POR ANO POR SELECIONADOR.

As quantidades indicadas acima são mínimas, ...

7. INSTALAÇÕES FÍSICAS

A Associação deverá dispor de instalações nas regiões especificadas, onde estarão lotados os associados, equipamentos e ferramentas necessárias à execução do objeto deste Termo. Estas instalações deverão conter, no mínimo, as seguintes áreas, ...:

1) Garagem ou pátio de estacionamento que comporte toda a frota........ 2) O veículo coletor quando disponibilizado pela Associação deverá apresentar-se sempre em perfeito funcionamento para uso e estado de limpeza adequado e receber manutenção em oficina devidamente regularizada junto à Prefeitura do Município.

8. OBRIGAÇÕES DA ASSOCIAÇÃO:

Além das disposições contidas neste Termo, a associação estará sujeita às seguintes obrigações: ....

8.1 QUALIFICAÇÃO E EDUCAÇÃO AMBIENTAL DOS ASSOCIADOS E DA COMUNIDADE

A Associação deverá participar em conjunto com a comunidade universitária e outros prestadores de serviço de cursos de capacitação técnica operacional organizados pela Universidade

9. FISCALIZAÇÃO

À Comissão de Coleta Seletiva Solidária e à XXXXXX caberão a fiscalização da execução do Termo de Compromisso. Para tanto, foi nomeado o servidor ....que fiscalizará, em concordância com a Comissão de Coleta Seletiva Solidária e com a PROINFRA, da Associação o perfeito atendimento das cláusulas do Termo de Compromisso.

O supervisor e os motoristas da Associação deverão ser instruídos a atender as solicitações da fiscalização do serviço, que poderá inclusive paralisar as atividades e exigir a substituição de qualquer equipe que julgar não estar cumprindo com as determinações do Termo de Compromisso.

10. CONSIDERACÕES FINAIS

Após a assinatura do Termo, a ASSOCIAÇÃO terá o prazo de 5 (cinco) ......

É expressamente vedada a paralisação total ou parcial dos serviços por parte da Associação.